science·i

M1エイブラムスはなぜ最強といわれるのか

実戦を重ねて進化する最新鋭戦車の秘密

毒島刀也

写真提供：アメリカ海軍

SoftBank Creative

本文デザイン・アートディレクション：株式会社ビーワークス

はじめに

「いまどき、戦車なんて必要なの？」―こんな質問を受けることがよくあります。

確かに、たとえば戦車の天敵である攻撃ヘリコプターは、あらゆる天候で敵を発見できる高度なセンサーを備え、戦車を一撃で破壊可能な対戦車ミサイルを発射できます。しかし、攻撃力が大きいために巻き添えも多く、敵と味方が入り乱れた最前線では運用できません。また、空を飛んでいる以上、戦地にいつまでもとどまり続けることはできず、整備や補給のために基地か前進拠点まで戻る必要があります。これでは、せっかく獲得した場所を維持することができません。

また、戦車のような頑丈な装甲をもたないため、大口径の機関砲や携帯用対空ミサイルなどの直撃を受けると、あっというまに撃墜されたり戦闘不能となり、墜落をまぬがれても修理に長時間かかります。さらに、攻撃ヘリコプターは戦車よりも価格が高く、価格差の詰まった最新型の戦車と比べても、倍以上の価格です。

では、大口径砲や対戦車ミサイルを搭載した装甲車があれば、戦車はいらないのでしょうか？　それは違います。装甲車の火力は、戦車以外の車輌を一方的に叩き、歩兵の作戦を補助するのためのものです。「戦車に対抗可能」とするものもありますが、「運悪く戦車と遭遇しても、一方的にやられない」という程度です。戦車と装甲車の間には、命中精度や威力に雲泥の差があります。装甲も小口径の機関銃に耐えられる程度なので、強化された火点やトーチカを攻撃するときに、戦線の前面に押しだして使うことはできません。

つまり、地上戦のように積極的な攻勢をかけるためには、戦車は欠かせないのです。実際、1991年に起こった湾岸戦争や、2003年から始まったイラク戦争で、アメリカ軍はたくさんの「M1エイブラムス」を投入しました。アメリカ軍は、攻撃ヘリコプターも装甲車もたくさん保有しているにもかかわらずです。

「戦車といえども、歩兵がもつロケット推進擲弾(RPG)、対戦車ミサイルなどにやられてしまうのでは？」と思う方もいます。確かにRPGは1,500～3,000ドルと非常に低コストで、正面以外なら戦車の装甲を貫通できるほど威力が大きい兵器です。

しかし、RPGは命中精度が低く、射程は900mとあるものの、実際は80m前後まで肉薄して攻撃をかけなければなりません。それでも、戦車の弱点を狙って当てられる精度ではないので、1台あたりに複数発を撃ち込まないと撃破を期待できません。また、撃つときに噴煙が噴き上がるので射手の位置が戦車にばれてしまいます。このような点から、戦術は、「待ち伏せによる一度きりの攻撃」がメインとなり、積極的な攻勢には使えません。

対戦車ミサイルは、射程も命中精度もRPGをはるかに上回りますが、小型の携行型ですら1万ドルを越える価格です。また、視界の良い場所でないと使えないので、待ち伏せには不利です。立ち木の多い場所や大きな下草のある環境では、誘導ワイヤーが絡んでしまう有線式、レーザー光線や電波がさえぎられて誘導できないレーザー/ミリ波誘導式のどちらも運用が困難なのです。

最後に日本の事情を考えてみましょう。日本の場合、「敵が日本に上陸して侵攻され始めてしまったら、すでに戦車を使える状況ではない。だから戦車を保有する必要がない」と主張する人もいます。しかし、上陸する先に戦車がいたら、それに対抗できるだけの重装備を輸送船に積まねばならず、それだけ輸送船団も大きくなります。当然、護衛する艦艇や航空機も増え、揚陸部隊を編成するだけで、一大プロジェクトとなってしまうのです。日本のような島国に戦車を配備する意義は、「抑止力」の一言につきるでしょう。戦車は、現在でも勝利には欠かせない兵器なのです。

本書では、地上最強の戦車といわれる、アメリカ軍の主力戦車M1エイブラムスを中心に解説していますが、戦後第3～3.5世代戦車の技術と運用についても盛り込んであります。陸の王者「戦車」の最新事情を楽しんでいただければ幸いです。

2009年8月　毒島刀也

M1エイブラムスはなぜ最強といわれるのか

実戦を重ねて進化する最新鋭戦車の秘密

CONTENTS

はじめに …… 3

第1章　戦車とはなにか? …… 9

1-01　戦車の概念① …… 12
1-02　戦車の概念② …… 14
1-03　戦車の概念③ …… 16
1-04　M1エイブラムス開発の経緯① …… 18
1-05　M1エイブラムス開発の経緯② …… 20
1-06　M1エイブラムス開発の経緯③ …… 22
1-07　M1エイブラムスの変遷 …… 24
1-08　M1は何人で操作する? …… 30
1-09　M1エイブラムスはいくら? …… 32
1-10　M1エイブラムスの海外ユーザー …… 34
1-11　M1エイブラムスの派生型 …… 36
COLUMN01　ストライカー旅団戦闘団 …… 38

第2章　M1エイブラムスの武装 …… 39

2-01　主砲の仕組み① …… 40
2-02　主砲の仕組み② …… 42
2-03　M256 44口径120mm滑腔砲 …… 44
2-04　主砲の発射 …… 46
2-05　射撃統制装置 …… 48
2-06　侵徹の仕組み① …… 50
2-07　侵徹の仕組み② …… 52
2-08　M829 …… 54
2-09　M830 …… 56
2-10　M1028 …… 58
2-11　M831A1&M865 …… 60
2-12　XM1069 …… 62
2-13　腔内発射式ミサイル …… 64
2-14　機関銃 …… 66
2-15　砲塔の仕組み …… 68
2-16　砲手 …… 72
2-17　装填手 …… 74
2-18　車長 …… 76
2-19　補助動力装置 …… 78
2-20　幻のM1A3 …… 80
COLUMN02　劣化ウランとは? …… 82

第3章　M1エイブラムスの装甲 …… 83
3-01　装甲の仕組み …… 84
3-02　傾斜装甲と避弾経始 …… 86
3-03　中空装甲 …… 88
3-04　複合装甲① …… 90
3-05　複合装甲② …… 92
3-06　爆発反応装甲 …… 94
3-07　内張り装甲 …… 96
3-08　ケージ装甲 …… 98
3-09　砲塔はなぜ丸くないのか? …… 100
3-10　アクティブ防御─ソフトキル …… 102
3-11　アクティブ防御─ハードキル …… 104
3-12　発煙弾発射器 …… 106
3-13　敵味方識別装置 …… 108
3-14　NBC防御 …… 110
3-15　全周防御への転換 …… 112
3-16　市街戦残存性向上キットの詳細 …… 114
COLUMN03　10年前の戦車ランキング …… 116

第4章　M1エイブラムスの頭脳 …… 117
4-01　世界で初めてデータリンクを搭載 …… 118
4-02　さらに進化したM1A2 SEP …… 120
4-03　砂嵐でも見通せる熱線画像装置 …… 122
4-04　車長用独立熱線映像装置 …… 124
4-05　正確で詳細な航法装置 …… 126
4-06　車輌間情報システム …… 128
4-07　フォース21旅団・部隊用戦闘指揮システム …… 130
4-08　戦場ネットワークの功罪 …… 132
COLUMN04　即製簡易爆弾から乗員を守る「MRAP」 …… 134

第5章　M1エイブラムスの走る・曲がる・止まる …… 135
5-01　車体の構造 …… 136
5-02　戦車の走る・曲がる・止まる …… 138
5-03　戦車の運転 …… 140
5-04　操縦席の仕組み …… 142
5-05　履帯の仕組み …… 144
5-06　サスペンションの仕組み① …… 146
5-07　サスペンションの仕組み② …… 148

CONTENTS

5-08 パワーパック …… 150
5-09 ガスタービンエンジン「AGT-1500C」 …… 152
5-10 オートマチック変速機「X1100-3B」 …… 154
5-11 補給・整備 …… 156
5-12 戦略機動 …… 158
COLUMN05 潜水渡渉 …… 160

第6章 戦車の歴史と M1エイブラムスの好敵手 …… 161

6-01 戦車の歴史① …… 162
6-02 戦車の歴史② …… 164
6-03 戦車の歴史③ …… 166
6-04 戦車の歴史④ …… 168
6-05 エイブラムスの好敵手① …… 170
6-06 エイブラムスの好敵手② …… 172
6-07 エイブラムスの好敵手③ …… 174
6-08 エイブラムスの好敵手④ …… 176
6-09 エイブラムスの好敵手⑤ …… 178
6-10 エイブラムスの好敵手⑥ …… 180
6-11 エイブラムスの好敵手⑦ …… 182
6-12 エイブラムスの好敵手⑧ …… 184
6-13 エイブラムスの好敵手⑨ …… 185
6-14 エイブラムスの好敵手⑩ …… 186
6-15 エイブラムスの好敵手⑪ …… 188
6-16 エイブラムスの好敵手⑫ …… 190
COLUMN06 戦車の天敵 …… 192

第7章 戦車の運用方法 …… 193

7-01 戦車の運用 …… 194
7-02 旅団戦闘団の構成 …… 196
7-03 戦車が運用される場所① …… 198
7-04 戦車が運用される場所② …… 200
7-05 戦車が運用される場所③ …… 202

参考文献 …… 204

索引 …… 205

第1章 戦車とはなにか?

陸の王者といえば戦車です。
そして、そのなかでも現代最強といわれるのがM1エイブラムスです。
第1章では、そもそも戦車とはなんなのかという基本から、
M1エイブラムスが開発されるに至った経緯まで解説します。
また、M1エイブラムスは、採用されてからも少しずつ
モデルチェンジされています。その変遷も見てみましょう。

写真提供：アメリカ空軍

アメリカ陸軍第3軍団第1騎兵師団のM1A1。新造車が到着し、サウジアラビアに送られる前に実射試験を行っている。湾岸戦争開始直前の撮影

戦車の基本構造
※写真はM1A1エイブラムス
キューポラ
戦車の砲塔の上部にある円筒形の突起物を指します。小さなのぞき窓で防弾ガラスがついているものや、ペリスコープ（潜望鏡）でのぞくものもあります
発煙弾発射器
スモーク・ディスチャージャーともいいます。敵に発見されたとき、煙幕をだして、自分の位置を隠す装置です
砲塔
ターレットともいいます。車体の上に載せられた、砲（銃）をもった回転部分です。戦車では高い位置にあるので、被弾する確率が高く、砲塔前面の装甲をもっとも厚く強固にします
バスル
バッスルともいいます。もとはシルエットをつくりだす下着（ファウンデーション）の一種で、ヒップラインを美しく見せるための腰当てのことでしたが、それが転じて砲塔後部に取りつけられた張りだし部分を指すようになりました
起動輪
履帯を駆動する転輪で、いちばん前か後ろにつきます。ギアボックスや操向装置からシャフトを介して駆動されます
転輪
起動輪と誘導輪の間にあるもので、車体の重量を分散させる一方、履帯を支える車輪でもあります

同軸機関銃
主砲基部に取りつけられた機関銃で、目標が主砲を撃つまでもないときや、訓練のときに主砲の代わりに撃ちます
防盾
主砲基部の、装甲化された可動部分を指します
主砲
戦車砲ともいいます。戦車の主兵装で、目標に合わせて各種砲弾を撃ちだします。砲身の長さは口径の倍数で表されます。たとえば「44口径120mm砲」といったら「120mm L（length）44」ということなので、砲身の長さは、口径120mm×44＝5,280mとなります
排煙器
エバキュエーターともいいます。砲身に取りつけられていて、砲弾発射時に発生する有毒な燃焼ガスが、車内に流入しないようにするための装置です
サーマル・スリーブ
砲身被筒、サーマル・ジャケット、遮熱カバーともいいます。砲身の周囲にかぶせられ、砲身の温度を一定に保って、熱による砲身の曲がりを防ぎ、命中精度の低下を防ぎます
誘導輪
アイドラー・ホイールともいいます。起動輪と前後逆の位置にあり、履帯の回転をガイドする役割をもちます。動力駆動はされません
履帯
キャタピラ、クロウラー、無限軌道ともいいます。戦車の重量を広い接地面積に分散させて受け取め、地面に沈み込まないようにします
ハル
砲塔を除いた車体部分を指します

写真提供：アメリカ陸軍

1-01 戦車の概念❶
—走行

戦車をひと言で表すならば、走攻守にすぐれ、積極的に攻めるときに使える装甲戦闘車輌と定義できます。以下、走攻守の3条件から戦車を定義してみましょう。

不整地走破能力……泥《でい》ねい地（どろぬま）や砂地など、路面以外での走行能力を指します。地面に沈み込まないで走れるよう、接地圧（地面と接する単位面積当たりの重量）を低くするため、履帯《りたい》を装着します。不整地で機動力を失わない接地圧は、1kgf/cm^2以下といわれ、戦車は0.8～1.2kgf/cm^2に収まっています。M1エイブラムスの場合、105mm砲搭載のM1が0.921kgf/cm^2、120mm砲搭載のM1A1が0.970kgf/cm^2、最新のM1A2が1.083kgf/cm^2となっています。

超堤、超壕能力……障害となる堤や段差を乗り越えたり、水路や塹壕《ざんごう》をまたぐ能力です。M1エイブラムスは1.07mの段差、2.74mの壕を越えられます。

登坂力、横傾斜……登坂力と、左右方向に傾斜した場所での安定走行・射撃能力も求められます。M1エイブラムスの場合、60%（約31°）の縦断勾配の坂なら、6.6km/時で登れ、40%（約22°）の横断勾配の傾斜地で活動できます。重い戦車の安定した行動には、路面との摩擦が大きい（接地面積が広い）履帯が必須です。

加速力……遮蔽物へ逃れたり、待ち伏せでの飛びだしなど、攻防ともに加速性能（ダッシュ力）が重視されます。M1A2は、駆動系統を損傷しない最大速度が67.6km/時、停止状態から32.2km/時に加速するのに7.2秒となっています。70t弱の車重を考えると、どちらの数値も驚異的です。

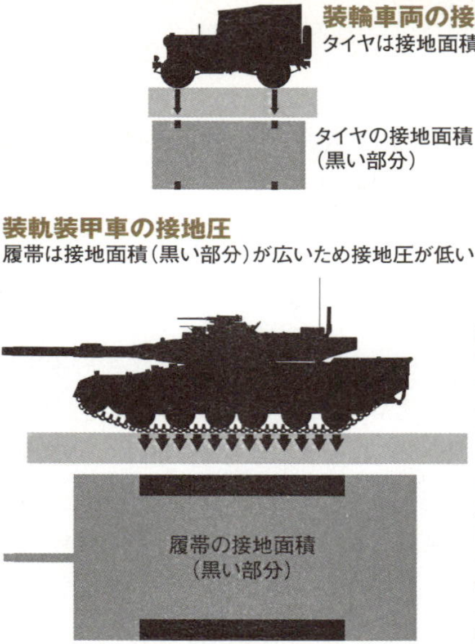
装輪車両の接地圧
タイヤは接地面積が狭いため接地圧が高い
タイヤの接地面積
（黒い部分）
装軌装甲車の接地圧
履帯は接地面積（黒い部分）が広いため接地圧が低い
履帯の接地面積
（黒い部分）

戦車の不整地走破能力の高さは、接地圧の低さにある。やわらかい地面にめり込んでしまっては、とても戦闘などできないからだ。最新のM1A2が1.083kgf/cm²、乗用車が1.5〜2.5kgf/cm²、トラックが2.5〜7.0kgf/cm²なので、戦車の接地圧の低さがよくわかる。ちなみに身長180cmの成人男性が、直立して静止した状態での足裏の接地圧は、0.562kgf/cm²だ

写真提供：アメリカ陸軍

角度は%で表される。たとえば60%の場合は、100m進むと60m登る勾配を表している。この場合、斜面の角度は約31°だ

1-02 戦車の概念❷
—攻撃

装甲貫徹力……装甲を撃ち抜く力です。戦車砲は厚い装甲を貫かなければならないため、砲弾を速い初速で撃ちだす必要があり、高初速を得られる砲身長の長いカノン砲を使います。もちろん、反動を受け止められる車重と構造（サスペンションなど）は必須です。M1A2がM829A3徹甲弾を撃ちだした場合、砲口エネルギーは11.7メガジュール、衝撃は30トンを超えるといわれます。

命中精度……第二次世界大戦までは、交戦距離が700m前後だったので目視による直接照準でしたが、主砲の大口径化、高初速化で交戦距離が延び、現在では3,000mにも達しています。照準装置も高精度になり、戦車砲は2軸統合制御のスタビライザーで安定化されています。また、射撃統制装置によって、砲データ（砲身の熱ゆがみ、温度変化、発射時の砲身の飛び上がり、磨耗、傾斜）と環境データ（横風、気温、気圧、装薬温度、車速）が自動計算されて、発射データを弾きだしています。

精度は、2,000m先の静止目標に対する初弾命中率で比べると、第二次世界大戦時は3%程度しか命中しなかったのですが、1980年代の戦後第2世代戦車なら25%前後、M1を含む戦後第3世代戦車では90%前後と大きく向上しています。

発射速度……発射速度は、装填手の練度、弾薬の重量や構成に左右されます。近年の大口径砲弾は19～24kgと、人間が取り扱える重量の限界に近く、車内の狭い旧ソ連製戦車や、小柄な日本人が運用する90式戦車は、自動装填装置を搭載しています。M1エイブラムスは人力装填で、1分間に最大6発、熟練した装填手は短時間ならば、12発/分のペースで撃てます。

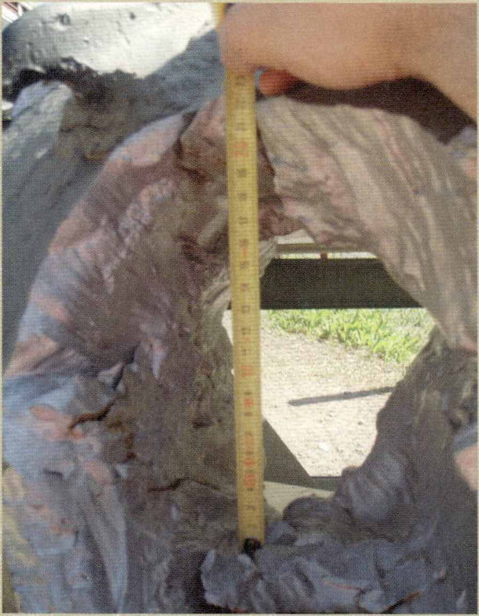

T-54戦車の砲塔前面に、100mm徹甲弾が開けた貫通穴。T-54の最大装甲厚は203mmあるが、砲塔は不純物が入って耐弾性が弱くなる鋳造《ちゅうぞう》なので、均質圧延鋼よりも強度は1～2割程度劣る

写真提供：NATO

フランスの装輪装甲車AMX-10RC。105mm砲を装備するが、変形しやすいタイヤなので安定しにくく、射撃精度は同口径を装備した戦車に劣る

1-03 戦車の概念③
―防御

装甲防御力……戦車は自走砲や装甲車以上の防御力をもちます。特に被弾する確率が非常に高い砲塔前面は、現在の戦後第3世代戦車は従来の鉄鋼材に加え、硬さや靭性、耐熱性の違うファインセラミックや重金属を組み合わせた複合装甲なので、主砲弾の直撃に耐えられます。M1A2は車輌重量約70トンの51%が装甲です。さらに新しいM1A2 SEPの砲塔前面の装甲は、実質320mm前後と見られていますが、均質圧延鋼板に換算すると、対運動エネルギー弾では940～960mm相当、対化学エネルギー弾では1,320～1,620mmに相当する防御力をもっています。

残存性……装甲の厚い戦車ですが、装甲を貫通された場合でも、乗員の被害を最小限に抑える装備をもっています。車内に貼られたスポールライナー（内張り装甲）は、アラミド繊維などを使った繊維強化プラスチック製で、装甲裏面からはがれた破片を受け止めたり、破片の飛散角度を小さくしたりします。弾薬の誘爆を防ぐために、砲弾の多くは砲塔後部のバスル（張りだし部分）内に設けられた弾庫に納められ、隔壁で仕切られています。弾庫には自動消火装置がついており、装薬に着火した場合は、上部のブローオフ・パネルから圧力を逃す構造で、乗員区画に致命的なダメージをおよぼさないようになっています。

NBC防御……核・生物・化学兵器が使われた環境下でも戦える能力です。どの兵器も対処法は同じで、乗員室への空気取り入れにフィルターを通すことと、室内の気圧を上げて、外気が入らないようにしておくこと、乗員が防護服を着用することが一般的な防御策です。

典型的な複合装甲の模式図

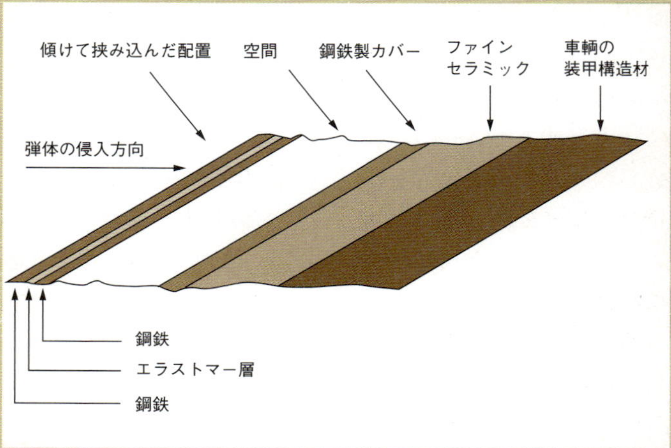

複合装甲の概念図。この概念図は、鋼鉄の装甲の上に、セラミック装甲（ファインセラミック）を貼った単純なタイプ。「エラストマー層」は、一般的にはゴムと考えてよい

1-04 M1エイブラムス開発の経緯①
—分担作業が裏目にでて頓挫したMBT-70

アメリカは第二次世界大戦後、第2世代戦車M60パットンを実用化しましたが、1960年代には次期主力戦車を模索していました。ちょうどそのころ、西ドイツ（当時）もレオパルト1の次となる戦車の開発を計画していました。そこで当時、アメリカの国防長官であったロバート・マクナマラ氏は、開発費の削減のために共同開発を提案、1963年8月1日に西ドイツとの間で開発協定が結ばれました。この計画でつくられる戦車は、70年代の主力戦車という意味でMBT-70と呼ばれました。

MBT-70は、1,500馬力のディーゼルエンジンに自動変速機を組み合わせ、自動装填装置を採用。車高・姿勢だけでなく、路面状況に合わせて転輪を上下動させる機能のついた油気圧アクティブ・サスペンション、中空装甲の導入、砲塔内にありながら車体の方向を向く揺動式操縦席、高精度の射撃統制装置と夜間暗視装置、軽合金の多用など、数々の新機軸を盛り込んだ非常に先進的な設計でした。

しかし、エンジンとサスペンションは、アメリカと西ドイツとで別の企業が担当し、主砲の選択でも対立が起きました。アメリカは対戦車ミサイルを撃ちだせる152mmガン・ランチャーを推したのですが、西ドイツは120mm滑腔砲の採用を強く求めたのです。結局、それぞれ独自の試作車を製作することになり、こうなると共同開発とは名ばかりで、開発コストは上がる一方です。

最終的には、車輌価格が100万ドル超（3億6,000万円以上）という概算（※）から、1969年末に西ドイツは計画から脱退します。その後もアメリカは簡素型に切り替え開発を続けました。

※当時の物価・為替レートを考慮すると、現在の価格にして5億5,000万円相当。のちのM1エイブラムスが要求された価格は、50万8,000ドル（約1億5,300万円。1972年当時）。

MBT-70

写真提供：アメリカ陸軍

生産国：アメリカ/ドイツ
乗員：3名
重量：50.0t
全長：9.10m
全幅：3.51m
全高：3.29m
武装：152mmガン・ランチャー×1、20mm機関砲×1、7.62mm機銃×1
装甲：不明
最大速度：65km/時

写真提供：アメリカ国防総省

シレイラ対戦車ミサイルを発射するMBT-70。152mmガン・ランチャーはミサイルも砲弾も撃てるとして、アメリカは装備化を進めたが、高コストなミサイルとたびかさなる故障で放棄された

1-05 M1エイブラムス開発の経緯②
—M1エイブラムスのルーツとなるXM1

MBT-70の開発計画から西ドイツが離脱したあと、アメリカはコストダウンを図った簡素型XM803の開発に着手します。油気圧サスペンションをなくし、装甲の素材を通常の高張力鋼に変更、35%のコストダウンをして61万1,000ドル（約1億9,230万円）に抑えました。しかし、トラブル続きでコスト上昇の要因となっていた152mmガン・ランチャー、自動装填装置、揺動式操縦席を搭載した砲塔はそのままで、可変圧縮機構がついた空冷ディーゼルエンジンも流用していました。

結局、M60A1戦車の33万9,000ドル（約1億670万円）の1.8倍もの単価のため、議会の理解を得られず、1971年11月にMBT-70計画は放棄されました。

それでもソ連のT-62、T-64戦車が登場し、さらにM60では対抗できないT-72の出現が近いという事態を前にして、アメリカ陸軍は1972年2月、主力戦車開発のためのタスクフォース（チーム）を立ち上げます。このチームは新戦車に必要な能力を策定する一方で、総額2,000万ドル（約60億2,200万円）で、2タイプの試作車を開発する計画を立てます。そして同年9月、クライスラー社防衛事業部とジェネラル・モーターズ社デトロイト・ディーゼル・アリソン事業部の2社と概念設計の契約を結び、XM815として本格的に開発を開始します。XM815は命名システムの変更により、まもなくXM1と呼称をあらためています。

クライスラーはM60A1戦車をもとに新技術を盛り込む手法で、ジェネラル・モーターズはXM803の経験をもとに新規開発する手法で、それぞれ試作車の開発に取りかかりました。

XM803

写真提供：アメリカ国防総省

生産国：アメリカ
乗員：3名
重量：51.71t
全長：9.39m
全幅：3.70m
全高：3.24m
武装：152mmガン・ランチャー×1、12.7mm機銃×1、7.62mm機銃×1
装甲：不明
最大速度：64.3km/時

XM1（クライスラー社）

写真提供：クライスラー

クライスラー社のXM1。イギリスの複合装甲「チョバム装甲」の情報が入る前で、砲塔の形状がM1とは大きく異なる

XM1（ジェネラル・モーターズ社）

写真提供：ジェネラル・モーターズ

ジェネラル・モーターズ社のXM1コンセプトモデル。105mm砲を主砲とし、砲塔は中空装甲のために直立した平面で構成されている。その左側面には25mm機関砲を装備している

1-06 M1エイブラムス開発の経緯③
—次期主力戦車はクライスラー製に決定

両社のXM1概要が固まった1973年6月末、クライスラーは6,900万ドル（約193億2,000万円）、ジェネラル・モーターズは8,797万ドル（約246億3,000万円）で競作車輌の製作契約を結びます。契約条件のおもなものは、以下のとおりです。

・M60戦車の性能をすべての面で上回ること
・整備性・稼動率・耐久性の向上
・3,300輌を生産するとして、1輌あたり507,790ドル（約1億5,000万円、1972年当時）を上回らないこと
・試作戦車を1輌、車輌試験装置を1基、弾道試験のための車体と砲塔を各1基製作する

1973年は、戦車にとって重要な年でした。7月初めに、イギリスで開発された複合装甲、いわゆるチョバム装甲の技術情報がもたらされます。10月には第4次中東戦争が勃発し、対戦車ミサイルや対抗するソ連戦車のデータが得られました。これらを取り入れて完成した試作車は、1976年1月末に陸軍に引き渡されます。両者の大きな違いは、クライスラーがガスタービンエンジンを搭載し、ジェネラル・モーターズがMBT-70から引き継いだディーゼルエンジンを搭載したことです。9月には両社に120mm滑腔砲が搭載できるよう指示がだされています。

そして、1976年11月にはクライスラーが勝者と発表されました。さらに、西ドイツのレオパルト2AVとの競争などもありましたが、最終的にはクライスラーのXM1が、アメリカ陸軍の次期主力戦車として選ばれました。その後、各種試験が行われたのち、1981年に「**M1エイブラムス**」として正式に採用されたのです。

XM1 クライスラー案

写真提供：ガリレオ出版

生産国：アメリカ	全高：2.84m
乗員：4名	武装：105mm砲×1、12.7mm機銃×2、7.62mm機銃×1
重量：52.62t	装甲：複合装甲
全長：9.84m	最大速度：75.6km/時
全幅：3.56m	

XM1 ジェネラル・モーターズ案

写真提供：ガリレオ出版

生産国：アメリカ	全高：2.87m
乗員：4名	武装：105mm砲×1、12.7mm機銃×2、7.62mm機銃×1
重量：51.71t	装甲：複合装甲
全長：9.70m	最大速度：77.2km/時
全幅：3.64m	

1-07 M1エイブラムスの変遷
—複雑になる戦場に合わせてどんどん進化

1981年に正式採用されたクライスラーのM1エイブラムスは、その後どんどん進化しています。ここでは行われたモデルチェンジを確認しておきましょう。

M1……最初に生産されたタイプです。M256 120mm滑腔砲の開発が間に合わなかったため、M60戦車と同じM68A1 105mmライフル砲を搭載しています。複合装甲はイギリスで開発されたチョバム装甲を改良したものが装着されています。2,374輌が生産されました。

IP-M1……IPはImproved Performance（能力向上）の略で、防御力を強化した改良型です。より強固になった複合装甲を装着しています。増加した重量に合わせて、サスペンションを強化し変速機のギア比を変更したので、路上最高速度は72.4km/時から66.8km/時に低下しています。894輌が生産されました。

M1A1……主砲をM256 120mm滑腔砲に換装して、火力を増強したタイプです。変速機のギア比の変更、サスペンションにおけるトーションバーの直径とショックアブソーバーの容量の変更、重量配分の変更にともなう軽量化、転輪の改修、砲の大型化による振動対策など多岐にわたり、図面の10%が書き換えられました。またNBC兵器対策として与圧式NBC防護システムも装備しています。4,796輌生産されました。

M1A1 HA/HA＋/HC……HAはHeavy Armor（重装甲）の略で、砲塔前面と車体前面部の装甲に劣化ウラン合金を使ったDU装甲を封入した装甲強化型です。1988～90年の間にA1の1,328輌が改修されました。さらに装甲を強化したのがHA+で、1990～

M1

写真提供：クライスラー

チョバム装甲を採用したことで、XM1から砲塔周りの形状が一新された。1985年1月まで生産されている。なお、メーカーのクライスラー防衛事業部は、1982年2月にジェネラル・ダイナミクスに買収され、ジェネラル・ダイナミクス・ランド・システムズに変わっている

M1A1

写真提供：GDLS

1985年8月から引き渡された120mm砲搭載型。主砲の排煙器（エバキュエーター）が太くなっているのが、105mm砲装備のM1との識別点だ

93年の間に834輌が改修されています。これに準じて潜水渡渉能力、腐食対策を施した海兵隊仕様がHCで、HCはHeavy Common、つまり重（装甲）共用化の略です。これらの外見に通常のM1A1エイブラムスとの違いはありませんが、砲塔の右側面の右下すみに表記されているシリアルナンバーの末尾に、ウランを意味する「U」が振ってあります。

M1A1 D……Dはデジタルの略で、M1A1にデジタル拡張パッケージを適用した戦車です。高価なM1A2を補完する廉価改修型で、共同作戦できるようにデジタル情報通信データリンクシステムである、フォース21旅団・部隊用戦闘指揮システム（FBCB2：Force21 Battle Command Brigade）が搭載され、上級司令部の情報を各車両でも共有できるようになっています。

M1A1 SA/ED……装甲拡張パッケージで装甲を強化し、後方カメラや遠隔操作式の熱映像装置で、周囲の状況を把握する能力を高めたM1A1の近代化改修型です。ほかに車外の随伴歩兵と通話できる車外電話を装備し、エンジンも近代化されているのが特徴です。

M1A2……ネットワークによる戦場情報管理を取り入れた改良型で、これにより第3.5世代戦車に進化しています。車輌間情報システム（IVIS）、車長用独立熱線映像装置（CITV）、自己位置測定/航法装置（POS/NAV）の搭載がおもな改修点です。62輌を新規生産したあとは、1,112輌がM1A1から改修されています。

M1A2 SEP……M1A1にシステム拡張パッケージ（System Enhancement Package）を適用したタイプです。基本はM1A2に準じますが、車長用ディスプレイがカラーになり、車輌間情報システムにFBCB2を実装するなど、車載電子機器（ヴェトロニクス）はM1A2以上に強化されています。

M1A1 SA/ED

写真提供：アメリカ陸軍

現在開発が進められているM1A1の最新改修型。SAはSituational Awareness（状況認識）の略だ。外形上はほとんどA1と変わらないが、遠隔操作式の熱映像装置が大きな相違点となる

M1A2

写真提供：ガリレオ出版

世界に先駆けて第3.5世代戦車となったM1A2。新造コストは435万ドルになる

M1エイブラムス各部の名称
～最新型で見る最強戦車の仕掛け

M1A2 SEP
車長用独立熱線映像装置（CITV）
車長専用の照準潜望鏡。砲手用と同じ機能をもち、左右方向に360度旋回する
M240 7.62mm同軸機関銃
写真で見えているのは消焔チューブ
M250発煙弾発射器
発射器1基に対して6発収容されている（写真ではカバーがかけられている）
車長用ハッチ
ハッチ外周には、車外を見るためのビジョンブロックが6個つく
砲手用熱線映像主照準装置（GPTTS-LOS）
熱線映像装置とアイセーフ・レーザー測距儀、2軸安定サイトからなる
装甲
もっとも強固な装甲は砲塔前面に、その次に車体前面に施される
サイドシールド
走行によって舞い上がる土煙を抑える。履帯が外れるのを防ぐ効果もある

写真提供：GDLS

M1A1
M2HB 12.7mm機関銃
車長用ハッチにつく銃架に、旋回式として取りつけられる
M240 7.62mm機関銃
砲塔左側の装填手ハッチの前に取りつけられる。装填手が操作する
補助動力装置（APU）
5.6kWのディーゼルエンジン。停車時の発電用だ
横風センサー
弾道に影響を与える偏流を読み取り、データを弾道計算機に送る
写真提供：アメリカ陸軍
AGT-1500ガスタービンエンジン ＆ X1100変速機
エンジンは軸流低圧5段、軸流高圧4段と遠心式1段のターボシャフト。変速機はトルクコンバータ式オートマチック変速機
戦闘識別パネル（CIP）
熱線映像装置を通して見るときに敵味方の識別に使われる
砲口照合センサー
砲身の曲がりを検知して、そのデータを弾道計算機に送る
同軸機関銃照準器
M256 120mm滑腔砲
砲身外周には、熱による曲がりを抑えるサーマル・スリーブがつく
操縦手用ハッチ

1-08 M1は何人で操作する？
—4名で操作するオーソドックスな人数

第二次世界大戦では、周囲の警戒と指揮に専念する車長、操縦手、主砲の操作をする砲手、砲弾を込める装填手、前方機銃手を兼ねた無線手の乗員5名が最良とされました。現在は前方機銃がなくなり、無線機が小型化したので、無線手の役割を車長が兼任できます。そのため、乗員4名が標準となっており、M1エイブラムスもこれにならっています。ただし、自動装填装置の登場で、日本の90式戦車やフランスのルクレールのように、乗員が3名となっている戦車もでてきています。

このあたりは各国の考え方の差で、装填が人力の場合、

- **奇襲や遭遇戦など最初の1分間でけりがつくような戦闘においては発射レートが重要で、熟練した装填手なら最初の3発くらいは自動装填の倍のレートで装填できる**
- **野戦整備や応急修理、その際の周囲警戒を考えると、人手が多いほうがよい**
- **たとえ乗員の誰かが負傷して行動不能になっても、代わりになる要員が確保できる**

ということで採用しています。一方、自動装填の場合は、

- **機械は疲れないから、安定して発射レートを維持できる**
- **人件費が削減できる**
- **装填手は戦車要員の新人が割り当てられることが多く、重い砲弾を込める仕事を嫌って、戦車要員のなり手がいなくなってしまうことが避けられる**

ただし、次世代戦車が装備する140mm砲は、人力で扱える重量を超えているので、自動装填を前提に研究されています。

M1エイブラムスの乗員配置

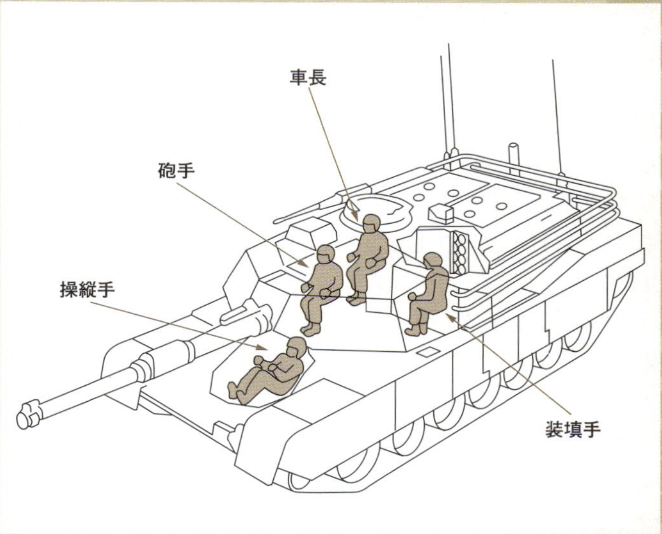

オーストラリア陸軍M1A1 AIMを使った履帯の修理訓練

1-09 M1エイブラムスはいくら？
―最新型を新車で買うと……

年度ごとに変動しますが、新規取得のために計上した予算を頭割りにした単価では、M1/M1A1だと235～430万ドル、M1A2を新規生産する場合は435～560万ドルとなっています。また既存のM1A1をM1A2へ改修する場合は360～387万ドル、同じく既存のM1A1をM1A2 SEPに改修する場合は560～670万ドルとなっています。

「取得可能な主力戦車」と称して、1輌あたり507,790ドル（1972年当時）を上回らないことを条件に開発が始められた経緯からすると、非常に高価な戦車となりましたが、ニクソン・ショック（1971年8月）以降のインフレを考慮すれば、仕方のないところです。日本円に換算すると、M1A1が平均約4.2億円、新品のM1A2が平均5億円といったところでしょうか。トータル1万輌近く生産された戦車なので、量産効果によりほかの第3世代/第3.5世代戦車よりも単価は抑えられています。

数百輌単位の生産にとどまっているフランスのルクレールは9.7億円、日本の90式戦車が7.5億円、イギリスのチャレンジャー2は11.4億円にもなります。

さらに既存の車輌を改修する改修キットの場合、M1A1をM1A1Dへ改修するデジタル拡張パッケージは10～24万ドル、市街戦残存性向上キット（TUSK）は15万ドルとなります。ただしこれも、**発注年度や適用する改修キットの組み合わせで変動**があります。

なお、以上の価格は、アメリカ軍調達価格での話です。たとえば、オーストラリアが中古M1A1の電子機器を近代化したM1A1

AIMを導入したときは、59輌で5億5,000万ドルとなり、1輌あたり932万ドルとなっています。またサウジアラビアがM1A2を新規に購入したときは、整備、訓練も含めたパッケージでの単価が40億円、うち車輌価格は15億円といわれています。つまり輸出されるときは、相手の足元を見て価格が決められてしまいます。そして旧式で余剰となった以外は、高くなることはあっても、安くなることはありません。

同じく3,000輌以上の量産によって単価が抑えられているレオパルト2にしても、スペインのA6Eが1,200万ドル、ギリシャのA6HELが1,100万ドルと、第3.5世代の戦車は、もとが5億円前後の第3世代戦車であったとしても、データリンクの装備によって価格が跳ね上がり、輸出での引き渡し価格は10億円を超えます。ちなみに、ロシアの第3世代戦車T-90は223万ドルと格安ですが、もとが激安の第2世代戦車であるT-72なので、同じ土俵で比較できません。

M1エイブラムスの単価の変化（単位：万ドル）

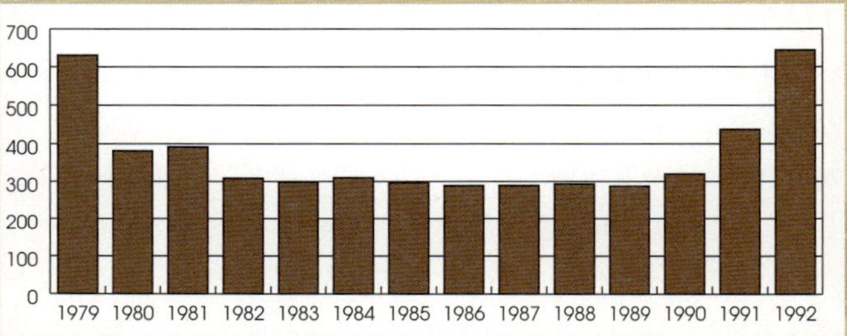

出典：アメリカ議会予算局発行 TOTAL QUANTITIES AND UNIT PROCUREMENT COST TABLES 1974-1995
1989年、1990年は海兵隊のM1調達も含めた数値。調達初年度はライン構築費用なども含めた額となるので高くなる。また1992年よりA2への改修費が予算計上されている

1-10 M1エイブラムスの海外ユーザー
—中東やオーストラリアでも使われている

燃料を大食いするガスタービンエンジンを採用しているためか、M1エイブラムスを採用するアメリカ軍以外の陸軍はありませんでした。最初に輸出されたのはエジプトで、1988年にM1A1、555輌の供与に合意しました。その際、部品の35%をエジプト製で調達することとなり、1992年から引き渡しが始められています。その後、追加調達され、生産をM1A2に切り替えてからの250輌も加わり、総勢1,005輌のM1を保有しています。同国のM1はアメリカ軍のM1と外見上の大きな差はありませんが、M1A1 HA/HA+の劣化ウラン装甲は装着していません。またM1A1は全車、M1A2相当に改修されています。

エジプトの場合はアメリカからの無償供与なので、その実力を評価しての購入ではありませんでした。しかし、湾岸戦争(1991年)を境に、中東を中心に採用されるようになります。その意味で最初に購入したのはサウジアラビアで、1993年からM1A2・315輌が引き渡されています。**このM1A2の導入は、アメリカ陸軍よりも早いくらいです。**

2006年にはM1A2・58輌の追加購入と、既存の車輌に対する近代化改修を行うことで合意しました。この近代化改修では、車輌間情報システム(IVIS)にアメリカ軍と異なる無線機を使うことになっており、改修適用車輌はM1A2Sと呼ばれます。続いて、クウェートがイラク侵攻により全滅した陸軍の再建にM1A2を選びました。1994年より引き渡され、現在までに218輌が配備されています。

オーストラリアは2005年11月、同陸軍のドイツ製第2世代戦車レオパルト1の後継として、中古のM1A1を改修したM1A1 AIM・59輌を発注、2006年2月より引き渡されています。AIMはAbrams Integrated Management（エイブラムス統合管理）の略で、アメリカ軍の近代化改修の総称です。サウジアラビアのM1A2Sへの改修でも適用されています。オーストラリアの場合、電子装備の改修が主となっており、砲塔右側面の角に、一時期アメリカ海兵隊のM1A1が装着していたGPS受信アンテナがついているのが特徴です。

そして2008年、もっともM1エイブラムスの実力を知る国イラクに、陸軍再建に向けた装備品導入のなかで、M1A1・140輌が供与されることが決定しています。イラクのM1A1は中古ですが、近代化改修を施したM1A1Mで、2010年秋に引き渡しが始まる予定です。

オーストラリア陸軍のM1A1 AIM。中古ではあるが、AIM改修によって車輌を再生補修し、新品同様のコンディションにしている

1-11 M1エイブラムスの派生型
—さまざまな軍用車輌に流用される

グリズリー装甲工兵車

M1戦車の車体にドーザー、バケットなどの装備を取りつけた工兵車輌で、進軍のじゃまになる地雷や障害物を除去します。366輌の生産が計画されましたが、2001年に開発中止となりました。

M104 ウルヴァリンHAB

HABは、Heavy Assault Bridge（重強襲橋）の略で、M1戦車の車体に、橋体を搭載した架橋車輌です。橋体は全長26mあり、5分で展開できます。差し渡し24m、70トンの重量が16km/時で通過できます。44輌が改修されました。

M1 パンサーⅡ地雷処理車

砲塔を外した車体に、地雷除去のためのローラー、もしくは鋤を前方に取りつけています。通常の移動は操縦手と車長の2名で動かし、処理作業時には遠隔操作で800m離れた位置から操縦できるようになっています。1時間で4,645m^{2}の地雷原を処理する能力があります。

M1 ABV

ABVは、Assault Breacher Vehicle（強襲突破車）の略です。車体前部に車体幅除去レーキ（FWMP）と呼ばれる幅4.5mの巨大な熊手を装備、深さ30cmまでの地雷を除去できます。車体前方両側面に、ポールを打ち込んで安全経路を示す経路表示システムを装着。砲塔は専用のものに換装され、上面にM2 12.7mm機関銃1挺と、後部にMk.155導爆索発射機2基を装備します。導爆索により長さ100m、幅16mの通路をつくり、FWMPでその通路をすき返して、重機関銃で地雷を爆破しながら前進します。

M104 ウルヴァリンHAB

写真提供：アメリカ陸軍

M1 ABV

写真提供：アメリカ海兵隊

COLUMN

01 ストライカー旅団戦闘団

現在、アメリカ陸軍は、派遣する兵力の基本単位を、師団から以下の3種類の旅団戦闘団に編成し直しています。

❶戦車、装甲車などの重装備をもち、打撃力にすぐれている重旅団戦闘団

❷重装備はもたないが、短時間で展開できる歩兵旅団戦闘団

❸両者の中間となるストライカー旅団戦闘団

❶と❷は以前からありましたが、ある程度の武力で迅速に対応しなくてはならない地域紛争に対応するには、どちらも「帯に短したすきに長し」でした。そこで、96時間以内に世界中に展開できる戦力として、ストライカー旅団戦闘団が構想されました。その名のとおり、ストライカー装甲車とその派生型を中心とした戦力で、輸送機にある程度の数が搭載できるよう、重量は20t以下に抑えられています。そして、打撃力の不足は戦場情報ネットワークで補うとしています。さらに打撃力の不足を補うために、後継の有人地上車輌（MGV）も開発されていましたが、2009年の国防予算見直しのなかで中止されています。

ストライカー旅団の基本装備となるM1126歩兵戦闘車

生産国：アメリカ
乗員：2名/人員9名
重量：16.47t
全長：6.95m
全幅：2.72m
全高：2.64m
武装：12.7mm機銃、7.62mm機銃、40mm擲弾発射器のいずれか1挺
装甲：不明
最大速度：100km/時

第2章 M1エイブラムスの武装

戦車の武装といえば、シンボルともいえる砲身の長い主砲です。
砲弾を撃ちだす原理は、中世のころから変わりませんが、
砲身や砲弾は、様変わりしています。
そして、砲塔内の要員は一致団結して、
砲弾を早く正確に撃ちだすために全力をつくします。
第2章では、主砲とそれを搭載する砲塔周りを解説します。

写真提供：アメリカ海兵隊

M1A1が、主砲となる120mm砲を発砲した瞬間

2-01 主砲の仕組み❶
—主砲の基本構造

よく戦車の解説に「A1以降、M1エイブラムスは主砲にM256 44口径120mm滑腔砲を搭載」などとありますが、これらの特有の言葉を解説しましょう。

薬室……砲弾を押しだす火薬が燃焼する部分です。非常にがんじょうにつくられており、M256だと684kgあります。

尾栓……砲の後端についている栓です。燃焼ガスが漏れないように密閉する工夫が施されています。

砲耳……砲を支え、発砲の衝撃を一身に受ける部分です。砲身を上下に振る際の軸ともなります。

ライフリング……砲口に向かってねじれるように切られている溝で、腔線《こうせん》ともいいます。砲弾に回転を与えて横風の影響を受けにくくし、命中率を上げます。西側第2世代戦車の主砲であるM68 105mm砲の場合、28条の溝が1,890mm進む間に（砲尾から見て）時計回りに1回転するように切られています。一方で溝の切られていない砲を滑腔砲といいます。回転を与えないぶん、命中精度は落ちますが、砲身の寿命は伸びます。

口径❶……弾の通る砲身の内径を指します。ライフリングが切られている場合は、溝の山と山を結んだ直径を指します。砲の威力は口径の3乗に比例します。たとえば、125mm砲と120mm砲を比べた場合、口径では5mmの差ですが、威力としては125mm砲のほうが約13%大きくなります。

口径❷……薬室後端から砲口までの長さ（砲身長）を指し、口径の倍数で表されます。44口径120mm砲なら、120mm × 44 = 5,280mmとなります。

主砲の構造

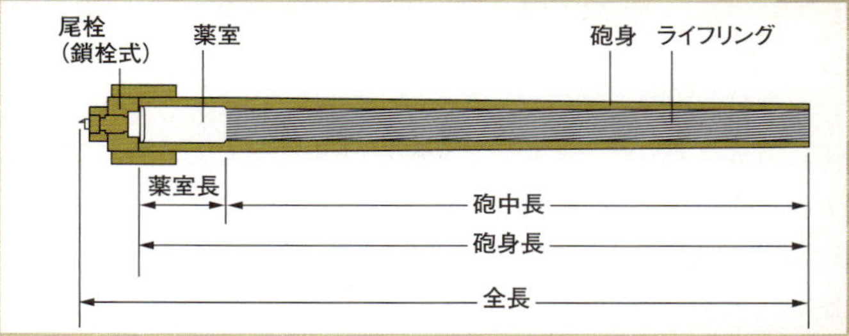

ライフリングの仕組み

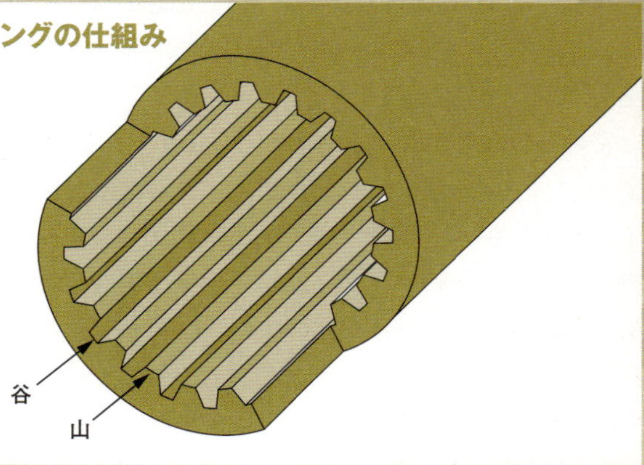

銃弾は口径より少し大きくつくって、弾丸をライフリングに食いこませて回転を得るが、砲弾は口径より少し小さくつくり、弾丸の胴部に弾帯（弾を一周する輪のようなもの）をつける。これによって、砲弾に旋動（旋回すること）が与えられ、同時に燃焼ガスが漏れないフタの役割も果たす

44口径120mm砲の場合

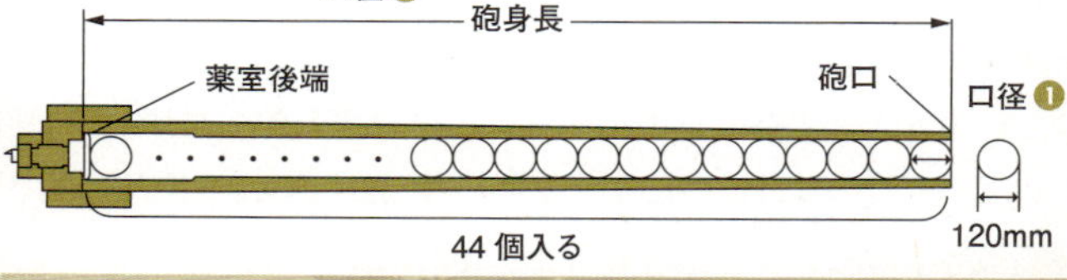

2-02 主砲の仕組み②
―砲弾はどうやって発射される?

砲弾は、尾栓と薬莢で後端が密閉されています。薬莢内の装薬に点火されると、砲弾は、装薬の燃焼で生じたガスの圧力によって加速しながら押しだされ、砲口から飛びだします。装薬の燃焼は、速すぎても遅すぎてもだめです。速すぎると圧力が高くなるので、薬室付近をがんじょうにしなければならず、しかも砲口からでるころには圧力が下がって、砲弾の加速を妨げます。逆に遅すぎると、砲弾が砲身内で圧力エネルギーを受け取り切れず、必要な初速を得られません。

そのため、装薬は加速プロセスに合わせて、ニトロセルロースを主に、燃焼速度調整や消炎消熱、安定化のための成分を付加したものとなっています。そして、生成エネルギーの30%前後が砲弾の加速に使われ、残りは熱や摩擦で消費されます。砲身が長ければ、**砲弾が加速のためにエネルギーを受け取る時間が延びる**ので、砲口からでるときの初速も上がります。

たとえば、レオパルト2A6が装備するラインメタルRh120 120mm砲の場合、薬室サイズは変えていませんが、44口径から55口径に砲身を延ばした結果、初速は1,750m/秒に、砲威力は7%向上したとなっています。ただし、弾道の安定性や射撃管制装置の精度に悪影響がでています。

生成される燃焼ガスは、水素やメタンガスのほか、有毒な一酸化炭素、二酸化硫黄も含まれるので、撃ったあとは乗員室内に入らないよう、排煙機で燃焼ガスを砲口から押し流します。排煙機に回った燃焼ガスは、一部がサーマル・スリーブの中に流れ込んで、砲身がゆがまないよう温度分布を一定にします。

砲弾が発射される過程

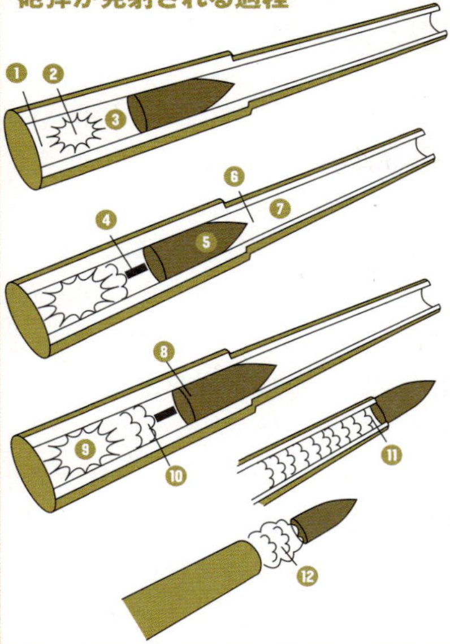

① 薬莢内の装薬に点火
② 燃焼がガスを生成
③ 室内の圧力と温度が急激に上昇
④ 砲圧がさらに上昇
⑤ 砲弾が動き始める
⑥ 砲弾の重量による慣性と摩擦が抵抗となって働く
⑦ 旋条に弾帯が食い込んで、より大きな抵抗となる
⑧ 砲弾が前進することで薬室容積が広がり、燃焼ガスの圧力が下がる
⑨ 装薬の燃焼が加速されて、砲圧は急激に上昇を続ける
⑩ 砲弾が3～4口径分前進したところで最大砲圧点に達する
⑪ 砲弾が砲口からでるときの砲口圧は、最大砲圧の10～30%
⑫ 砲弾がある程度砲口を離れるまで、燃焼ガスの圧力を受けて若干加速される

発射時の速度、温度、砲圧の関係

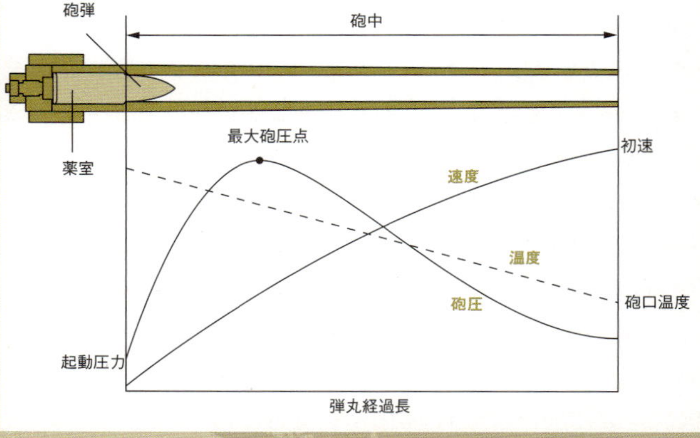

2-03 M256 44口径120mm滑腔砲
—M1エイブラムスの主砲

M1エイブラムスの主砲であるM256 44口径120mm滑腔砲は、ドイツ・ラインメタル社のRh120を、ウォーターヴリート陸軍工廠(ニューヨーク州)がライセンス生産した戦車砲です。北大西洋条約機構(NATO)の統一規格 NATO STANG 4385にもとづいた、薬室サイズ120×570mmの砲弾を撃ちだせます。**装薬が収まっている薬莢が燃え尽きることを前提にした設計**で、熱い空薬莢が車内に排出される危険性と、狭く複雑な車内に空薬莢が散らばることがなくなりました。ただし、空包は撃てません。

砲身は寿命(命数といいます)を延ばすためにクロムのライナーが貼られており、400～500発撃てます。しかし、近年登場した砲弾が使っている装薬は浸食が激しいようで、砲身命数は平均260発まで減少しています。ある例では、50発ごとに砲身交換をしなくてはならなかったとあります。なお、砲身を覆うサーマル・スリーブはFRP製です。

砲手から(A2以降は車長からも)主砲発射の電気信号が来ると、砲弾の電気雷管から発火し、砲弾は5mたらずの砲身の中を1/100秒未満で駆け抜けます。加速度は26,000Gで、徹甲弾ならマッハ5近くの速さで砲口から飛びだします。戦車を狙う徹甲弾なら1,569～1,680m/秒、トラック、軽装甲車輌を狙う多目的成型炸薬弾、榴弾だと1,140～1,410m/秒で撃ちだされます。

装弾筒付翼安定徹甲弾での最大射程は30km近くにもなりますが、通常の有効射程は3,000m、レーザー測距儀や射撃管制装置の精度から、最大でも8,000mとなっています。実験的に砲身を延ばして55口径としたM256E1も開発されています。

M256 44口径120mm滑腔砲

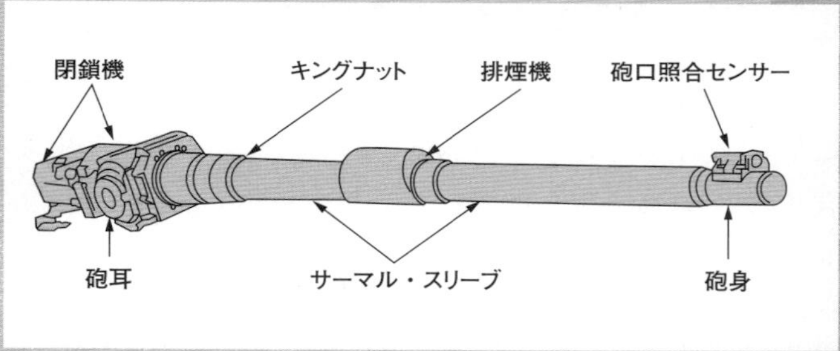

原設計：ドイツ・ラインメタルAG
薬室長：597mm
砲中長：4,716mm
砲身長：5,300mm
尾栓深さ：293mm
全長：5,593mm
口径：120mm
薬室容積：10.98ℓ
砲身重量：1,175kg

総重量：1,905kg
閉鎖機：半自動垂直鎖栓式
ライフリング：なし
撃発装置：電気式
最大砲圧：630MPa(6,217.6気圧)
最大発射速度：6発/分
砲身命数：400〜500発
最大射程：29,300m
(XM827 APFSDS-T射出時)

試作段階でのM256の発射試験

写真提供：アメリカ陸軍

2-04 主砲の発射
—砲弾が発射されるまでのプロセス

かつての戦車は、距離や目標の速度、横風などを砲手が勘案して狙いを定め、撃つというプロセスをとっていました。第2世代戦車では距離や角度の算出に、高度な光学機器やアナログ計算機などを取り入れて省力化、迅速化を図りましたが、砲手の技術に頼るという現実はそれほど変わりませんでした。しかし、第3世代戦車の主砲発射は、各種センサーと射撃管制装置のバックアップで、意外なほど簡単にできるようになっています。

砲手は目標を照準器の中心に捉え続ければ、各種センサーから届けられたパラメーターを取り込んで、射撃管制装置が複雑な計算を介し、**命中する方向に自動的に砲を向けて追尾**してくれます。そして砲手がトリガーを押せば、射撃管制装置が命中するタイミングを計算して発射します。

つまり、砲手がトリガーを押すという行為は、射撃統制装置の「安全装置」を外すということで、押した瞬間と発射までの間に時間差が生じます。いつまでも射撃統制装置が判断する「発射位置」に目標がこないときは、なかなか発射されないこともあります。しかし現在、この時間差は非常にわずかです。もちろん、射撃統制装置が壊れたときに備えて、照準から発射までマニュアルで行う機能も、バックアップとして備えています。この場合、距離測定も縮尺を用いた推定で手入力することもできます。

発射の音はすさまじく、弾種によっては致命傷を負うほどの大きな破片が飛んでくるので、歩兵マニュアルは、車外で生身でいる際の立入禁止区域を定めています。車内では、インカムをしていても大きな音が聞こえ、衝撃による揺れもあります。

主砲発射時にはすさまじいブラスト（爆風）があがる

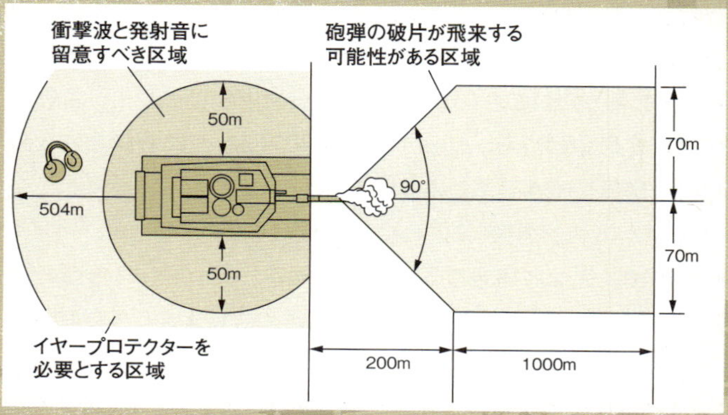

2-05 射撃統制装置
—精密射撃を実現した必殺のシステム

射撃統制装置は、第3世代戦車ならではの装備です。大口径の戦車砲も複合装甲も第2世代戦車の後期には実現していましたが、第3世代戦車は、90%以上の圧倒的な初弾命中率という、第2世代戦車とは桁違いの精度をもっています。

しかし、戦車砲は、さまざまな要因で弾道がずれます。たとえば気圧が低かったり、気温が高いときは、大気の密度が低いので空気抵抗が少なくなり、砲弾の減速率が小さくなって、弾は狙った場所より上に飛びます。何発か撃って砲身が熱をもつと、熱膨張により砲腔が広がり、初速が低下して、狙った場所より下に落ちます。

M1エイブラムスの射撃統制装置は、砲手が弾種、装薬の温度、砲身命数、砲身ゆがみに対する補正値、大気圧を入力したうえで、各種センサーから大気温度、風速と風向、車体の左右方向への傾斜、敵と自分の運動データを合わせ、**最良の方向と発射タイミング**を割りだします。この結果、初弾命中率95%以上、装弾筒付翼安定徹甲弾なら、1kmの射距離で20cm内に着弾という高精度で砲弾を叩き込めるのです。

M1A2では射撃統制装置の変更は行われていませんが、センサーや航法装置など周辺機器の変更により、**入力される情報の精度を上げることで交戦能力の向上**をはたしています。また射撃統制装置内に自己診断プログラムを搭載し、整備性も上げています。M1A2 SEPは、射撃統制装置に搭載するコンピューターのメモリ容量の拡大、処理能力の高いプロセッサーへの換装を行い、ネットワーク化によって増大する情報量に対応しています。

射撃統制装置を構成するコンポーネント

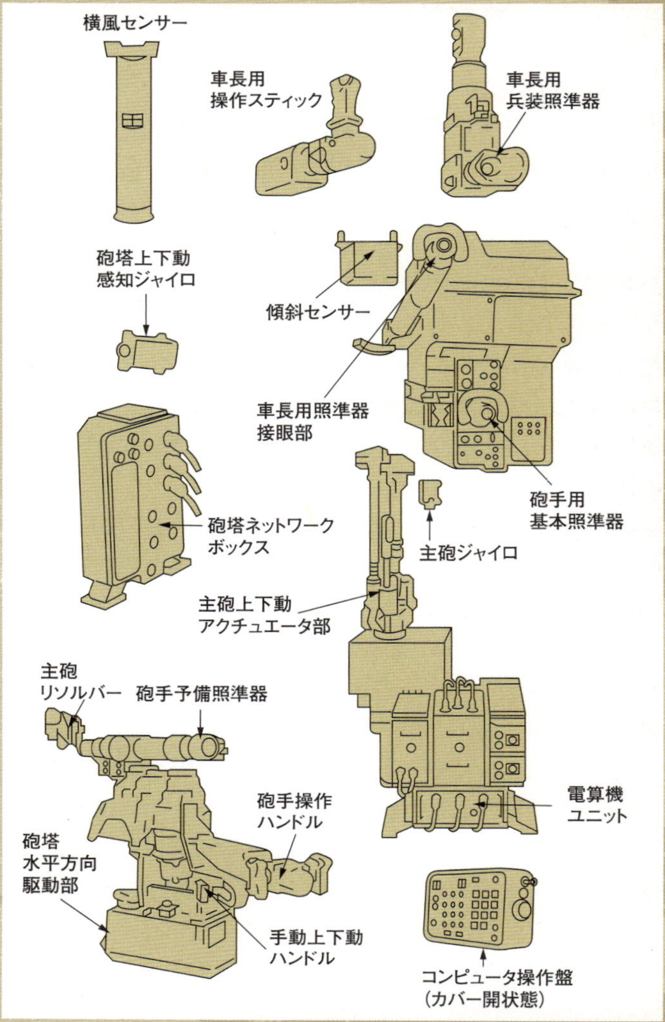

2-06 侵徹の仕組み①
―装弾筒付翼安定徹甲弾（APFSDS）

火薬などを使わず、砲弾の運動エネルギーだけで装甲に**侵徹《しんてつ》**（つらぬくこと）する砲弾を徹甲弾といい、運動エネルギー弾に分類されます。ここでは第3世代戦車で主流となっている装弾筒付翼安定徹甲弾（APFSDS）を取り上げます。

砲弾は120mm砲や125mm砲から1,700m/秒前後で撃ちだされますが、砲口からでた直後に覆い（装弾筒）が外れて、**口径よりはるかに細長くてフィンのついた弾芯**が現れます。弾芯は**侵徹《しんてつ》体《たい》**（ペネトレーター）といい、タングステンや劣化ウランといった比重の大きい重金属を主体とした合金でできています。砲弾の運動エネルギーのほとんどは、この重い弾芯に乗せられて目標に衝突します。

1,200m/秒以上で衝突すると、数万気圧に達する圧力で通常の物性限界点を超えてしまい、硬い装甲であっても液体の中を進むように侵入し、弾芯はみずからを削りながら装甲内を進み、弾芯が尽きるか、速度が低下してユゴニオ弾性限界[※]を下回ったときに止まります。装甲を貫通した場合は、残る運動エネルギーで車内を暴れまわるので、中にいる乗員はまず助かりません。

きわめて高い圧力で衝突するので、弾芯と装甲板の間の摩擦力は無限大ともいえ、避弾経始《ひだんけいし》（86ページ参照）を狙った傾斜装甲はほとんど無意味となります。またこの状態で回転を与えると弾芯をねじ切ってしまうので、砲弾に回転を与えない滑腔砲が、この弾種を撃ちだすのに向いているのです。

※ユゴニオ弾性限界
ユゴニオ弾性限界を超えると、固体は塑性変形を開始し、流体のようにふるまう。鋼鉄では1.2GPa、タングステンなら3.8GPa、セラミックなら12～20GPaが限界圧力だ

装弾筒が外れた瞬間

写真提供：アメリカ陸軍

徹甲弾が侵徹するプロセス

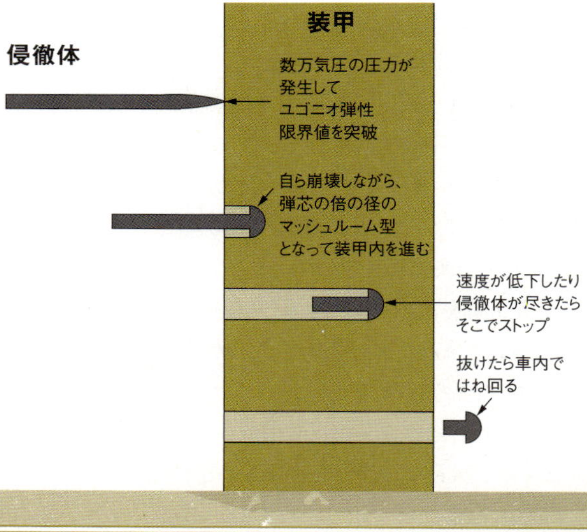
装甲
侵徹体
数万気圧の圧力が
発生して
ユゴニオ弾性
限界値を突破
自ら崩壊しながら、
弾芯の倍の径の
マッシュルーム型
となって装甲内を進む
速度が低下したり
侵徹体が尽きたら
そこでストップ
抜けたら車内で
はね回る

2-07 侵徹の仕組み❷
—成形炸薬弾（HEAT）

成形炸薬弾は、対戦車兵器のもう1つの主流で、弾体の中にある**炸薬が爆発するエネルギーを使って装甲に侵徹**するので、化学エネルギー弾に分類されます。ここではもっともポピュラーな、成形炸薬弾（HEAT）を取り上げます。

成形炸薬弾とはその名のとおり、炸薬の前方をスリバチのようにへこんだ円錐に加工し、その内側に金属のライナー（内張り）を貼っています。炸薬が爆発するとモンロー効果（ノイマン効果ともいいます）によって、溶融したライナーが円錐の中心に向かって針状に集まり、針状ジェットが形成されます。これが7,000～8,000m/時で装甲にあたります。前述の装弾筒付翼安定徹甲弾の侵徹体と同様、針状ジェットもユゴニオ弾性限界を超える圧力を加えるので、装甲が液体状に振る舞い、侵徹します。侵徹したあとは、その穴から爆風と針状ジェットになれなかった溶融ライナー（スラグ）が車内に吹き込まれ、被害をおよぼします。

針状ジェットは、装甲から適切な距離を置かないと形成がうまくいかず、装甲貫徹力が落ちてしまいます。この距離を**スタンドオフ**と呼び、ライナー直径の1～3倍が最適とされます。この距離を稼ぐために、成型炸薬の延長上に起爆のための信管を置きます。ただし、簡単な仕掛けでスタンドオフが狂わされるので、複数の成形炸薬を直列に置くタンデム弾頭もあります。針状ジェットの形成は弾速によらないので、初速が高くなくてもよく、対戦車ミサイルや対戦車ロケット弾に数多く使われています。弾体が回転すると、針状ジェットの形成が遠心力で阻まれるので、砲から撃ちだす場合は、回転を与えない滑腔砲が適します。

成形炸薬弾（HEAT）の仕組み

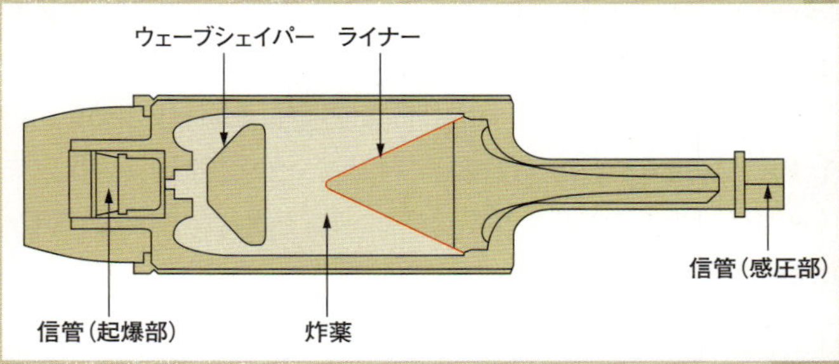

成形炸薬弾が侵徹するプロセス

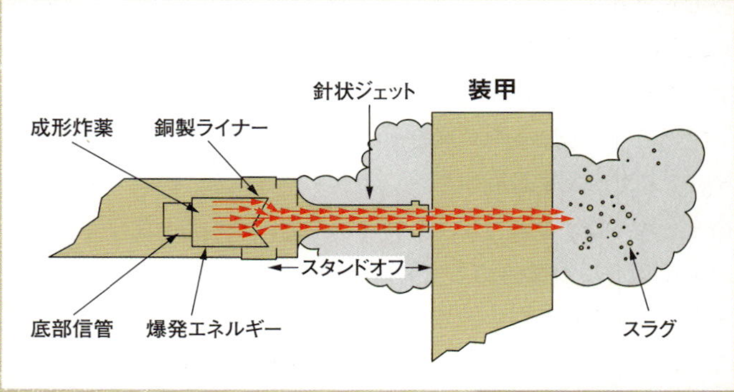

2-08 M829
—最強の徹甲弾といえばコレ

アメリカ軍の**装弾筒付翼安定徹甲弾**（APFSDS）です。湾岸戦争（1991年）ではイラク軍のT-72戦車を効果的に撃破したことから、搭乗員から銀の弾丸と呼ばれました。侵徹体の太さや長さを変えながら、M829/A1/A2/A3と進化しています。

西ドイツ製の徹甲弾DM33をもとに、侵徹体をタングステン合金から、劣化ウラン合金に変えています。この合金は、劣化ウランを主体に少量のモリブデンとチタニウムを混ぜて、高温で焼き固めたものです。劣化ウラン合金を使うと、先端部分が先鋭化しながら侵徹する自己先鋭化現象が起きるので、**タングステン合金よりも10〜20%高い貫通力**を示します。そして貫通したあとは、摩擦熱により侵徹体やそれから生じた微紛が発火するので、焼夷効果もあります。貫徹力は、2,000mの距離で均質圧延鋼板に対して正対して撃った場合、M829A1が540mm、M829A2は570mm、M829A3では680mmと向上しています。

劣化ウランは原子炉の燃料棒をつくる過程ででる廃棄物で、原材料としては工業的価値の高いタングステンより安価です。燃料棒を生産するかぎり発生するので、産地の限定されるタングステンより安定して供給できます。ただし、加工性が悪く、切削の際にでる粉塵対策用の設備がいるので、トータルで見ると決してタングステン合金を使ったものより安くはありません。

この砲弾の薬莢は、発射薬の燃焼とともに燃え尽きてなくなってしまう焼尽薬莢で、ニトロセルロース系素材でできています。発射後は腔圧に耐えるために金属素材でつくられた薬莢底部のみが残り、排出されます。

M829A1 装弾筒付翼安定徹甲弾

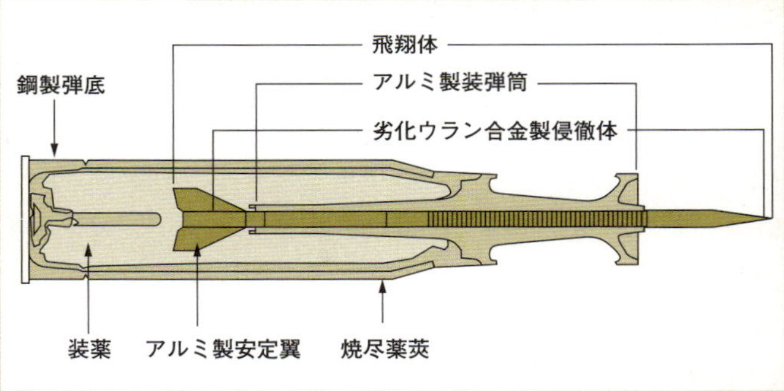

初速：1,575m/秒
有効射程：3,000m
薬室圧力：5526.8気圧（560MPa）
射撃時命令：SABOT（SAY-BOと発音）
信管：なし

対象：戦車、もしくは戦車に類する重装甲目標
重量：20.9kg（うち装薬9.0kg）
全長：984mm

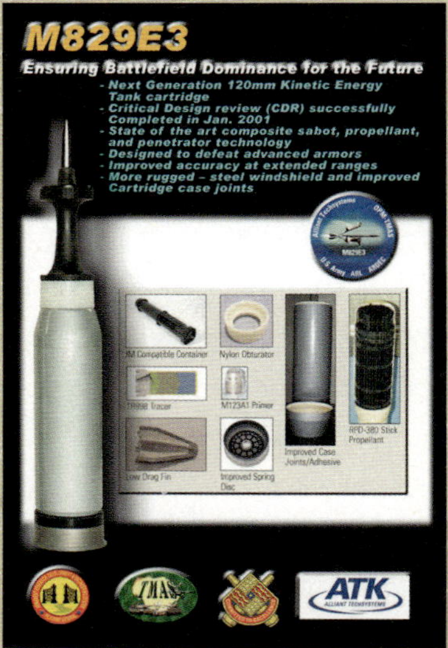

侵徹体：劣化ウラン合金
直径：22mm
全長：780mm
重量：9.0kg
侵徹長：540mm/直角、630mm/60度（均質圧延鋼板に対して射距離2,000m）

写真提供：アメリカ陸軍
M829E3（現M829A3）のポスター。砲弾の右には侵徹体以外の構成部品が示されているので、砲弾の構造がわかる

2-09 M830

—なにはともあれ込めておく弾

成形炸薬弾である対戦車榴弾の弾体を、爆発の破片で広範囲な殺傷力をもたせるようにしたものを、多目的対戦車榴弾（HEAT-MP-T）といいます。装甲車なら十分に撃破できます。榴弾に比べると破片の広がる範囲が狭いのですが、歩兵やトラックのような軟目標にも使えるので、**どんな目標がくるかわからない戦闘時**には、この砲弾を主砲に込めておきます。

M830は、西ドイツ・ラインメタル社製DM12A1をジェネラル・ダイナミクス社がライセンス生産したもので、信管と炸薬がアメリカ軍仕様です。成形炸薬弾頭のライナーには銅が使われています。図にはありませんが、信管の感応部は、突端部の先端だけでなく弾頭の肩部にもついています。命中角が浅くても、起爆させるためです。安定翼の後部には、弾道を目で追えるよう曳光剤（トレーサー）が仕込んであります。有効射程は2,500m、装甲貫徹力は均質圧延鋼板換算で600～700mmといわれます。

M830A1は、ATK社が開発した多目的弾（MPAT）で、装填時に近接信管に切り替えてヘリコプターも攻撃できるようにしています。装弾筒をつけて弾頭部を細くし、空気抵抗の小さな形にしているので、有効射程が4,000mに延び、遠距離での命中精度も向上しています。対象目標もヘリコプターのほか、建物、バンカーも加わっています。M830に比べて弾頭部の径が小さいので、装甲貫徹力はやや落ちますが、戦車相手ならば装弾筒付翼安定徹甲弾（APFSDS）を使えばいいので、問題視されていません。メーカーのATKは、M830に比べて軽装甲車輌への攻撃力は30%、バンカーへの攻撃力は20%向上したとしています。

M830 多目的対戦車榴弾

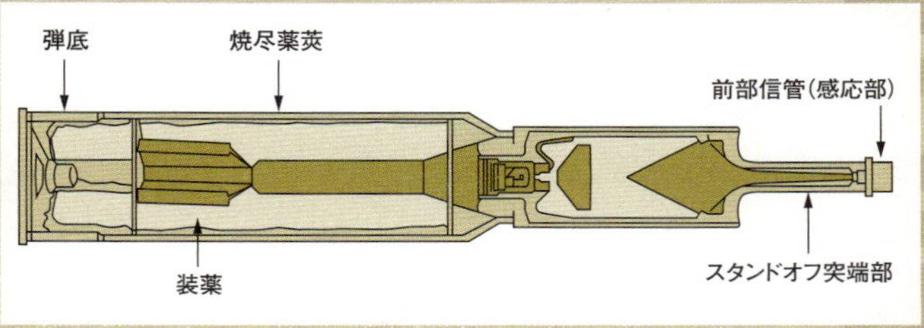

初速：1,140m/秒
有効射程：2,500m
薬室圧力：4734.2気圧（480MPa）
射撃時命令：HEAT
信管：弾頭点火弾底起爆
対象：軽装甲車輌、野戦陣地。二義的に戦車、重装甲車輌

重量：24.2kg（うち装薬5.4kg）
全長：981mm
弾頭：成形炸薬弾
弾頭全長：842mm
弾頭重量：13.5kg

M830A1 多目的弾

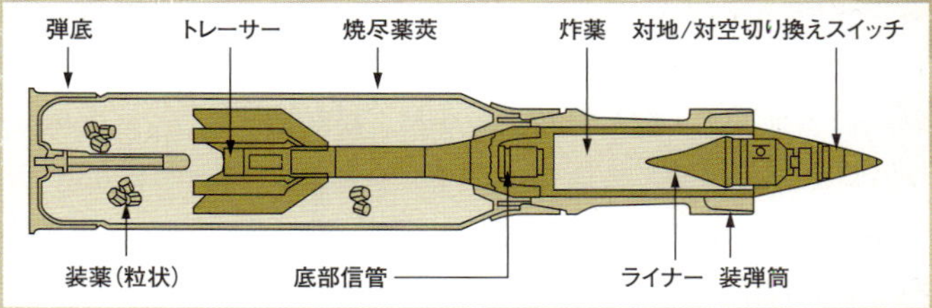

初速：1,400m/秒
有効射程：4,000m
薬室圧力：5526.8気圧（560MPa）
射撃時命令：MPAT（対地モード）/MPAT AIR（対空モード）
信管：弾頭点火弾底起爆/近接切り換え
対象：（対地モード）軽装甲車輌、建物、バン カー、対戦車ミサイルランチャー、人間。二義的に戦車、重装甲車輌（対空モード）ヘリコプター
重量：22.3kg（うち装薬7.10kg）
全長：982mm
弾頭：成形炸薬弾
弾頭全長：778mm　弾頭重量：11.4kg

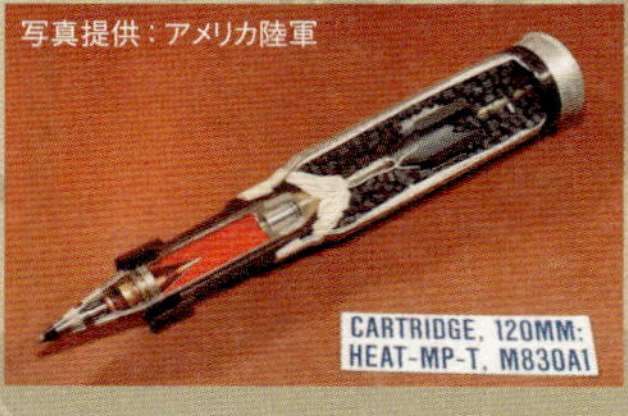

写真提供：アメリカ陸軍

2-10 M1028
—対人用ショットガン

M1028キャニスター弾は、北朝鮮軍および中国軍が行うであろう人海戦術に対抗するため、韓国に駐留するアメリカ軍からの要請で開発された対人用砲弾です。弾頭は、アルミ合金製の弾体に1個約10gのタングステン球11kgが詰まっており、弾頭は散弾銃のように、砲口を飛び出すと同時にタングステン球を放出します。要求では有効射程は200〜500m（二義的には100〜700m）、1弾発射で散開進行中の歩兵分隊（10名）の50％以上を打ち倒し、2弾発射で散開進行中の歩兵小隊（30名）の50％以上を打ち倒すことが求められました。

ジェネラル・ダイナミクス社の兵器戦術システム部門で1999年より開発が始まり、デモンストレーションでは、ブロック塀を貫通したうえで背後の標的にも命中する対人殺傷能力のほか、有刺鉄線の排除、一般車輌の破壊など、**都市戦を行ううえで考えられる障害の排除にも有効**なことが示されています。2005年から生産に入り、少数がイラク派遣部隊に渡っています。イラクの歩兵支援において、良好な成果をあげていると報告されています。

似た機能をもつ砲弾にフレシェット弾があります。これも対人攻撃用に開発された砲弾で、弾頭に小さなダーツのような弾子（これをフレシェットと呼びます）を詰め、発射後、時限信管で炸裂させてばらまきます。しかし、時限信管の設定がめんどうで即応性がなく、弾子である矢弾も1g未満で貫通力がないために、使う場面がかぎられます。アメリカの場合、第2世代戦車M60の105mm砲から撃ちだす戦車用フレシェット弾はありましたが、120mm砲用は開発されていません。

M1028 キャニスター弾

初速：1,410m/秒
有効射程：200〜500m
信管：なし
対象：人間
重量：22.9kg（うち装薬5.4kg）
全長：780mm
弾頭：散弾/タングステン球
全長：317.5mm
重量：11.0kg（タングステン球の総重量）

弾頭部には約1,100個のタングステン球が詰まっている

写真提供：アメリカ陸軍

上/砲撃前、下/砲撃後

高さ3.0×幅6.1mのブロック塀の後ろに隠れる標的への射撃試験。塀の後ろに木製人型標的5体を配置し、壁に対して45°の位置から射撃。射撃の結果、塀は崩れ、後ろの標的はいずれもタングステン球によって貫通されている。標的2体は貫通されていたものの、基部にブロック破片が乗ってしまい倒れていない

写真提供：アメリカ陸軍

2-11 M831A1&M865 —青い頭の訓練弾

戦車の訓練は、これまでシミュレーターやレーザー光線を使った戦闘訓練装置によって効率化されてきました。しかし、重い砲弾を装填する作業や発射時の衝撃などは、いまだ再現することができません。また、M256をはじめとするラインメタル製120mm滑腔砲系列は、焼尽薬莢を使う構造上、空包を撃つことができません。そのため実際に砲弾を撃つのが、いまも最高の訓練となっています。

これまで紹介した対戦車榴弾や多目的弾の訓練弾は、弾頭部をアルミや鋼材に代えて、信管は外してありますが、それ以外は実弾とほぼ同じ形状、重量、弾道となっており、**破壊力以外はすべてシミュレートできる**ようになっています。

ただ、到達距離が30km弱にも達する装弾筒付翼安定徹甲弾（APFSDS）は、そのままの弾道では演習場を飛びだしてしまいます。M865訓練弾（TPCSDS-T）は侵徹体を鋼鉄で軽くつくり、尾端につける安定翼の形状を円錐型にすることで、有効射程2,500mを確保しながら、その後**急激に速度が落ちる**ようにして、最大到達距離8,000mに抑えています。

ちなみに同じ120mm砲弾を使う日本の90式戦車の場合、訓練弾TPFSDSを使っています。この砲弾は目標に命中するか、一定距離を飛ぶと弾体が3つに割れて、急激に弾速が衰える構造として、狭い演習場でも使えるようにしています。

これら訓練弾は、すぐ見分けがつくように弾頭部分を青く塗っており、撃ったあとの弾道を目視で追えるように、弾頭の尾端にトレーサー（曳光部）がついています。

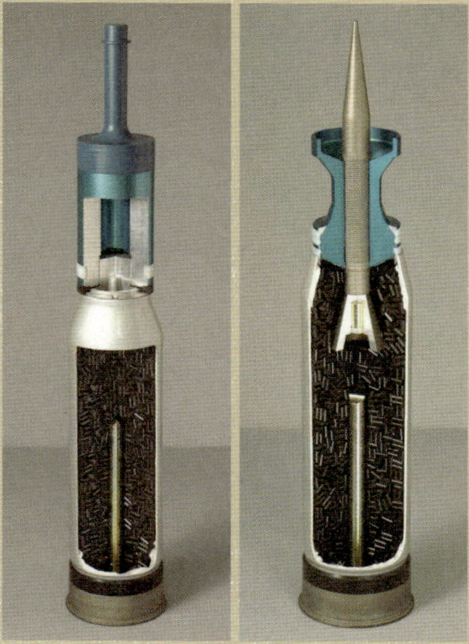

訓練用対戦車榴弾 M831A1（左）と訓練用装弾筒付翼安定徹甲弾 M865（右）
写真提供：GD-OTS

訓練用対戦車榴弾M831A1 TP-T

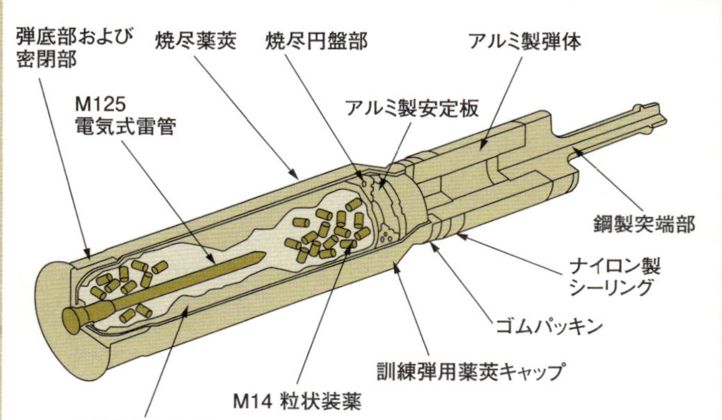

2-12 XM1069
—ハイテク信管で復活する榴弾

榴弾は、内部の炸薬を爆発させることで弾殻を砕き、広範囲に破片を飛び散らせて殺傷する砲弾です。歩兵の支援用砲弾として戦車にはかならず乗せていましたが、戦車を攻撃できて、榴弾の機能ももつ対戦車榴弾（HEAT）の登場で、しばらく戦車用の榴弾（HE）の存在はかえりみられませんでした。

ところが、冷戦が終結して戦車同士が対決する可能性が減り、低強度紛争が頻発するようになると、ふたたび榴弾の存在がクローズアップされます。しかし、戦車のもてる砲弾の数はかぎられています。特に口径が120mm以上になってからは、40発前後しか積めないので、多種の砲弾の搭載は非常に効率が悪くなります。

そこで開発されているのが、M830多目的対戦車榴弾、M830A1多目的弾、M1028キャニスター弾の機能を1つにまとめた新しい砲弾XM1069 LOS-MPです。LOS-MPはLine Of Sight Multi-Purpose（直接照準・多目的）の略です。**新開発の砲弾ではありますが、新しい信管をつけた榴弾のリバイバル**です。

レーザー測距儀のデータから時限信管の起爆タイミングの数値を瞬時に自動入力するので、即応性が高くなっています。さらに着発炸裂、遅延炸裂などの数種類の起爆モードを選べる多機能弾として開発されているので、時限信管で空中炸裂させ、M1028キャニスター弾以上に、広い範囲で歩兵や軟目標の攻撃に使えます。着発炸裂なら建物やバンカーへの攻撃、遅延炸裂なら弾殻を保持したままの侵徹なので軽装甲車輛、あわよくば戦車の撃破も狙えます。これが実用化すれば、M1エイブラムスがもつ主砲弾はM829徹甲弾と、このXM1069の2種類のみですみます。

XM1069の2種類の弾頭

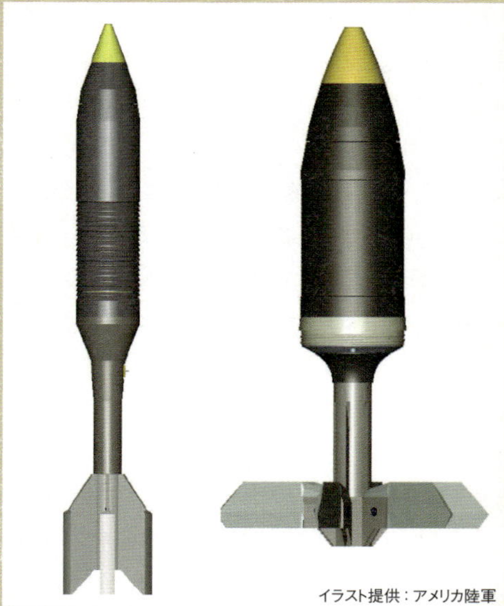

イラスト提供：アメリカ陸軍

XM1069は2種類の弾頭で研究されている。細いほうが空気抵抗が少ないぶん、射程が延びるが、威力が落ちる

太いほうの弾頭で行った実射試験。厚さ24cmのコンクリートの壁に2発で48×145cmの穴を開け（左）、T-55戦車の砲塔側面を1発で貫徹している

写真提供：アメリカ陸軍

2-13 腔内発射式ミサイル
—主砲から撃てるミサイルもある

1970年代、アメリカは対戦車ミサイルも砲弾も発射できる152mmガンランチャーを開発したものの、搭載した戦車の開発にことごとく失敗しました。そのため、M1エイブラムスにはこのような装備はなく、搭載計画も現在のところありません。しかし、ソ連は1976年に配備し始めたT-64戦車から、主砲発射式対戦車ミサイルを搭載し、ロシアの現主力戦車T-80/90は、レーザー誘導式の9M119レフレークス対戦車ミサイルを装備しています。このミサイルは最大射程5,000mで、ヘリコプターも攻撃できます。

アメリカの態度とは裏腹に、**M1エイブラムスの装備する120mm滑腔砲から発射できるミサイルは、すでに開発されています**。イスラエルのIAI社が開発した対戦車ミサイル**LAHAT**がそれで、成形炸薬弾頭複数を直列に搭載したタンデム式で、装甲が薄い上面から襲いかかるトップアタックを採用しています。既存の射撃統制装置で誘導でき、レーザー測距儀のレーザーを数秒間相手に照射するだけで照準をロックできます。最大射程は8,000mくらいと見られています。航空機が搭載するレーザー誘導爆弾を応用したものなので、1発あたりのコストが2万ドルと、従来の対戦車ミサイルに比べてきわめて安いのが特徴です。

105mm砲からも発射でき、M1エイブラムスと同じラインメタルAG製120mm滑腔砲を搭載するイスラエルのメルカバMk.3/4戦車に搭載されています。また、同じくドイツのレオパルト2A4戦車も、特別な改修なしで発射に成功しています。少なくとも2035年まで、アメリカ陸軍はM1エイブラムスを主力戦車として使い続けるので、将来的には搭載するかもしれません。

LAHAT

写真提供：ラインメタルAG

LAHATをレオパルト2A4から発射した連続写真

LAHATの仕組み

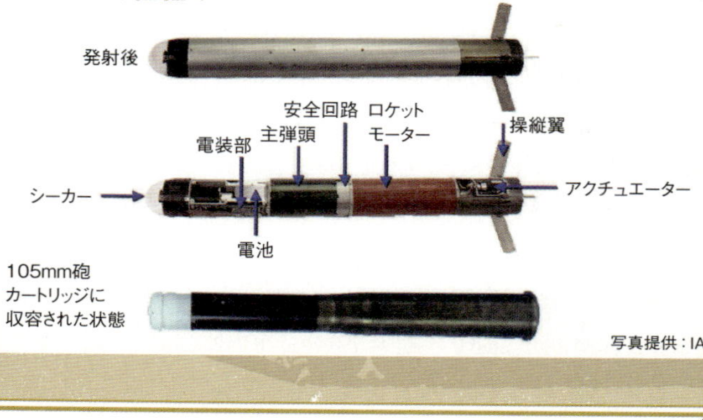

写真提供：IAI

2-14 機関銃
―実はもっとも活躍する火器

主砲について説明してきましたが、実のところ、M1エイブラムスで**もっとも使われている火器は、副武装である機関銃**です。標準的な形態は、主砲と同軸にすえた**M240 7.62mm機関銃**と、車長用キューポラに旋回式に取りつけられる**M2HB 12.7mm機関銃**の2挺です。装填手ハッチ前方に取りつけるM240 7.62mm機関銃は、つけたりつけなかったりとオプションのような扱いです。

同軸機銃は砲手扱いの火器で、主砲を使うほどではない目標に使います。実弾訓練の際には、近距離ならば弾道が主砲に近く、戦車・装甲車の装甲なら弾くので、主砲の代わりに撃つこともあります。銃は1977年に採用されたM240で、ベルギーのFN社で開発されたMAG機関銃のライセンス生産品です。動作不良や弾詰まりが少なく、高い信頼性を誇ります。装弾数は1万発です。

車長用武装として取りつけられている機関銃は、ブローニングM2で、1933年に制式採用された古い機関銃ですが、低コストで信頼性が高く、いまだに世界中で使われる名機です。銃自体は38kgあるので、マウントリングにすえつけて、自由に旋回するようにしてあります。A1までは砲塔内から機力で操作できましたが、A2からその機構は外されています。装弾数は900発です。

装填手用武装は同軸機銃と同じM240です。こちらもマウントリングを介してすえつけますが、車長用のマウントリングと干渉するので、360°向けられるわけではありません。装弾数は1,400発です。車輌放棄時は取り外して、単体でも使えます。このほか戦車が破壊されて下車せざるをえないときのために、M16アサルトライフルが2挺とM67手榴弾が8発、車内に搭載されています。

M240 7.62mm同軸機銃

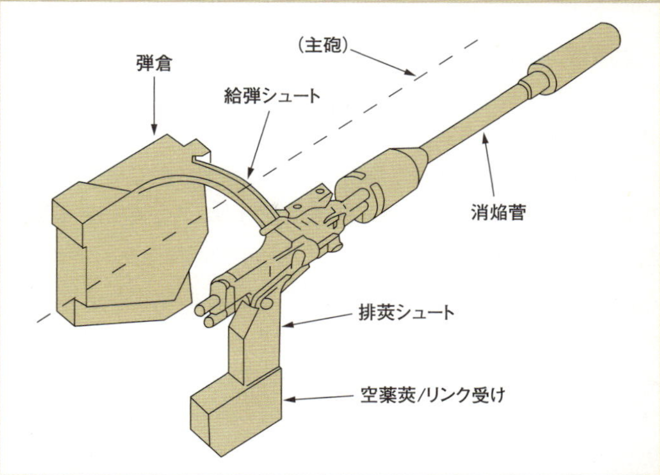

主砲使用の可能性が低いときには、装填手は車長とともに車外を警戒する。写真では車長用の機銃は外されている

2-15 砲塔の仕組み
—約9秒で360°回転できる

砲塔は、乗員のほとんどが納まる部分で、武装、装甲、センサーが集中し、戦車の攻守のほぼすべてを担います。防弾鋼板を溶接してつくられており、砲塔と車体は完全に独立、砲塔は車体につけられたレールである砲塔リングに乗せられて納まります。車長、砲手、装填手は砲塔から吊り下げられる形の吊床構造となっている砲塔バスケット上で作業するので、**砲塔が回ると、その動きに合わせて3人の乗員も砲塔の向きに回転**します。

砲塔は電気モーターで駆動され、最短9秒で360°回れます。また主砲もモーターで駆動され、+20〜−10°の範囲で俯仰できます。変更速度は最大25°/秒です。この2つのモーターは射撃統制装置と連動しており、目標追跡時は左右4.2°/秒、上下1.4°/秒で動作して、目標を捉え続けます。

砲塔後方の張りだし部はバスルと呼ばれ、弾薬庫になっています。弾薬庫は防火扉で区切られ、34発の砲弾が納められていますが、実際に即応弾として取りだせるのは17発までです。ほかは戦闘が中断したときに、取りだして移し替えないと使えません。弾庫の上面は、砲弾が誘爆するなどして弾庫内の気圧が高くなったときに開く**ブローオフ・パネル**がつけられています。砲塔後部外周には、荷物を納めるカゴが取りつけられ、寝袋や飲料水、クーラーボックスなど、直接戦闘に関係のない備品を入れています。

もっとも強固な装甲を施している砲塔ですが、実は正面からも攻撃可能な弱点があります。車体と砲塔をつなぐ部分である砲塔基部です。構造上、装甲を施せず、貫徹されなくても、砲塔リングがゆがむと戦車は主砲を使えなくなってしまいます。

M1エイブラムスの砲塔

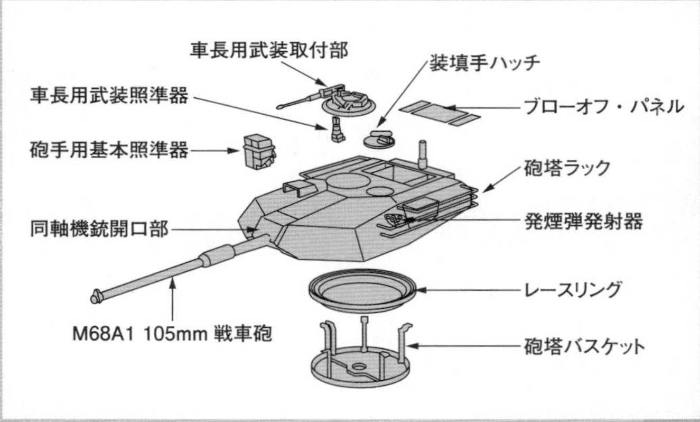

写真提供：アメリカ陸軍

写真のように、車長、砲手、装填手の3名は、砲塔からつりさげられている砲塔バスケットの中（上）で作業する

M1A2の砲塔内部

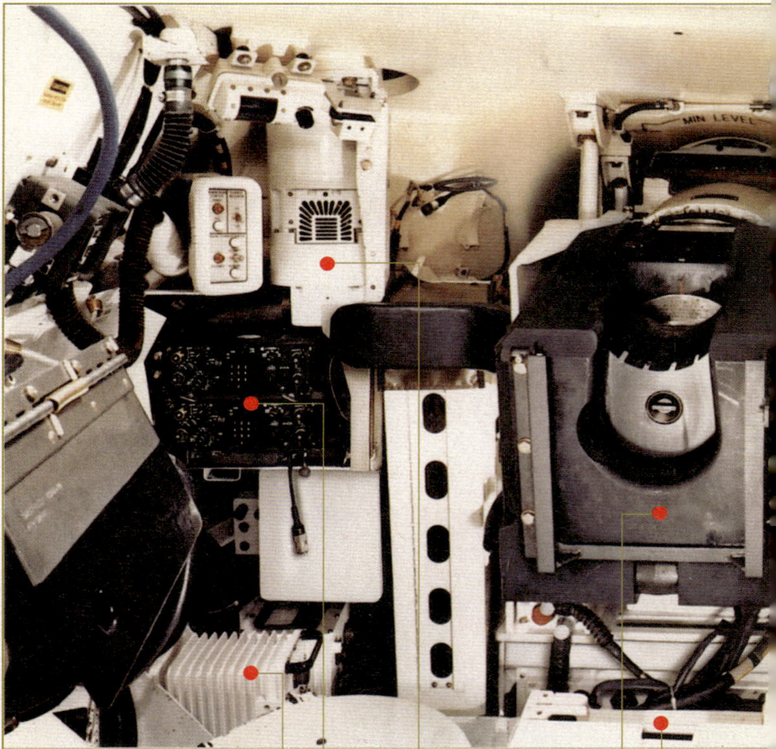
CITV（車長用独立熱線映像装置）
M256 120mm戦車砲
砲塔電装ユニット
射撃統制装置電算機ユニット
SINCGARS（地上・空中単一チャンネル無線システム）VHF無線機

砲手用基本照準器
砲手用コンピュータ操作盤/ディスプレイ
車長用操作スティック
車体/砲塔位置検出器
M240 7.62mm同軸機銃
車長用統合ディスプレイ

写真提供：GDLS

2-16 砲手

―数年の経験をもった軍曹が担当

敵戦車の撃破は、**車長と相棒となる砲手のコンビネーション**がうまくできないと望めません。現在の射撃統制装置は、砲手が読み取り、入力していたデータをすべて内部で計算し、砲手は目標の種類から弾種を選んで、発射のキューを射撃統制装置に与えるだけと、省力化されています。とはいえ、いちばん最初の目標の発見、識別、ロックは、射撃統制装置にはできません。

砲手は主砲閉鎖機の右隣に位置し、激しくゆれる不整地の走行中でも照準できるよう、胸当てとシートの間に体をつっかえ棒のように入れて体を固定します。右の操作パネル/ディスプレイには入力用キーボードがつき、戦闘前に大気圧、気温、装薬温度、砲口照合センサーからきた砲身の曲がりぐあいの数値を入力しておきます。照準器接眼部のついたパネルには、もっとも使うスイッチが集められ、倍率/3倍と10倍、弾種/徹甲弾・多目的弾・キャニスター弾・対戦車榴弾の4種、武装/主砲と同軸機銃、照準画像/通常と熱線画像、モード/通常とドリフト、が選択できます。右隣のパネルは、照準補正や熱線画像カメラの感度、同カメラ画像の白黒反転、照星/データ表示の濃度などのスイッチです。

通常は照準倍率3倍で捜索し、目標を見つけたら砲手は種類と方向をコールして、照準倍率10倍に切り替えます。目標を照準内の照星に捉えたら、レーザー測距儀を作動させて目標までの正確な距離を測ります。ほかのセンサーからのデータは射撃統制装置に入力されます。ロックオンされれば、自動的に砲を動かして追尾してくれます。車長の発砲指示に従い、砲手ハンドルの人差し指にかかるボタンを押せば主砲が発射されます。

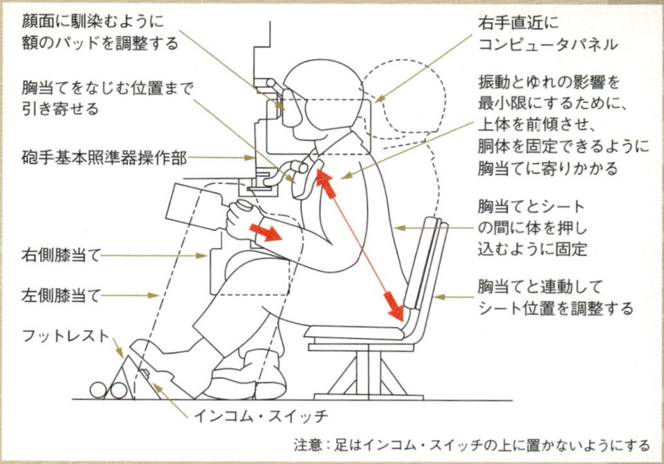

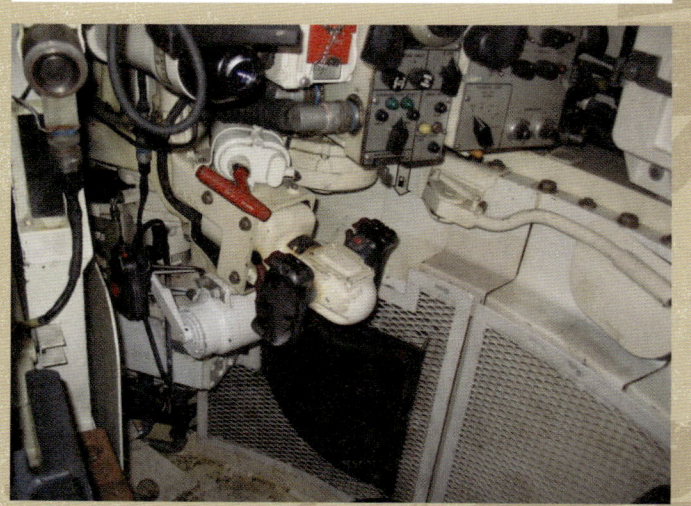

砲手操作ハンドルは、ゲームパッドのような形状で、軸に取りつけられている。砲手操作ハンドルの上にある赤いレバーは、マニュアル操作時の主砲引き金。グリップの親指と人差し指、中指で押せる位置にボタンが配置され、ハンドルを左右に回せば砲塔が左右に回転し、砲身のハンドルを回す速度に対応して砲塔の回転速度も変わる。グリップを前後に回せば照準器内の画像が上下に動く

2-17 装填手
—かけだし戦車搭乗員はここで下積み

砲弾の項で説明したように、120mm砲の砲弾はどの弾種でも20kgを超えています。これは人間が、狭い車内ですばやく装填できる限界に近い重量です。そしてこの砲弾を装填するのが、装填手の役目です。たいてい1発の装填に10秒かかりますが、熟練した装填手なら5秒でできます。重労働もさることながら、不整地走行で激しくゆれる車内で主砲にアクセスするので、発砲直後に高速で後ろに下がってくる砲尾や、有毒ガスを含む硝煙をまとって熱された弾底などに接触する危険にさらされています。

また、戦闘時以外は砲手ハッチから身を乗りだして、車長とともに車外を警戒します。たいてい新人の伍長以下がこの役目です。いわば**戦車搭乗員の下積み職種**というところでしょう。砲弾の装填手順は以下のとおりです。

❶ひざのところにあるスプリングタブスイッチを押して、弾庫扉を開ける

❷砲弾を取りだして、主砲へ転回を始める

❸ひざのスイッチを離すと、2秒後に弾庫扉が閉まり始める

❹砲弾を抱えて回転する装填手シートに腰を落とし、砲弾を主砲の閉鎖機へ向ける

❺弾庫扉が閉まる。左腕で砲弾を支えながら、右手で閉鎖機へ押し込む。装填が完了したら、装填した弾種をコールする（徹甲弾ならセイボー、対戦車榴弾ならヒートなど）

140mm砲を装備するM1A3になると、砲弾重量は人間が装填できる限界を超えるので、自動装填が考えられていました。しかし、A3は開発中止となり、装填手の失業はしばらくなさそうです。

M1（105mm砲）での装填手の着座位置

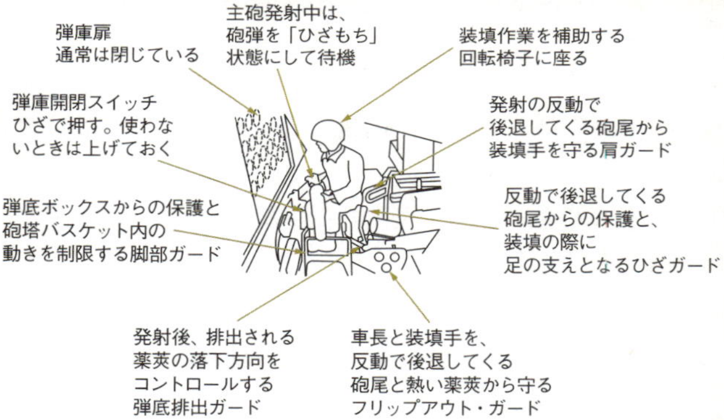
主砲発射中は、
砲弾を「ひざもち」
状態にして待機
弾庫扉
通常は閉じている
装填作業を補助する
回転椅子に座る
弾庫開閉スイッチ
ひざで押す。使わな
いときは上げておく
発射の反動で
後退してくる砲尾から
装填手を守る肩ガード
弾底ボックスからの保護と
砲塔バスケット内の
動きを制限する脚部ガード
反動で後退してくる
砲尾からの保護と、
装填の際に
足の支えとなるひざガード
発射後、排出される
薬莢の落下方向を
コントロールする
弾底排出ガード
車長と装填手を、
反動で後退してくる
砲尾と熱い薬莢から守る
フリップアウト・ガード

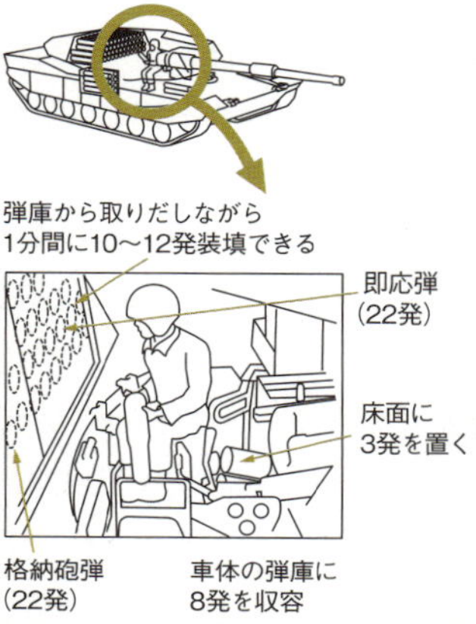
弾庫から取りだしながら
1分間に10〜12発装填できる
即応弾
(22発)
床面に
3発を置く
格納砲弾
(22発)
車体の弾庫に
8発を収容

写真提供：アメリカ陸軍

徹甲弾を装填する装填手。砲弾はどの弾種も20kg超で、車内のどの職種より重労働である

2-18 車長
—戦車のすべてを指揮するリーダー

車内を指揮する役割で、2等軍曹以上が就きます。第二次世界大戦のドイツ陸軍が、車内の役割から解放して指揮に専念する車長というポストをつくったといわれています。戦車の移動方向や目標の優先順位の決定、発砲の指示などは、すべて車長から発せられます。外部との連絡も車長が行い、小隊長(車)なら中隊本部への連絡も行います。

車外の警戒も、車長が第1に担います。外の様子はハッチの周りに設けられたビジョンブロックを通じて見られます。しかし、ビジョンブロックは視界が狭く、ハッチから身を乗りださないと、周囲の状況を的確に把握できません。車長が狙撃される危険をともないますが、**監視をおこたれば戦車自体が危険にさらされる**ので、やらざるを得ません。M1A2では、車長専用の監視機器、車長用独立熱線映像装置(CITV)がついているので、その危険性は減りましたが、やはり音や匂いまで含めた人間の五感に頼る従来の警戒スタイルが主流です。もし車長が倒れたときは、砲手が車長を代行します。

M1A2には、このCITVの機能を拡張したオーバーライド機能がついています。この機能は、砲手が狙っているよりも優先順位の高い目標が現れたときに、車長がその操砲、発射権限を奪って、主砲を操作、発砲できるものです。

また、車長はM1A1D/A2 SEPで追加されるデータリンク、フォース21旅団・部隊用戦闘指揮システム(FBCB2)のデータ操作や入力も担います。しかし、指揮にともなうデータと手間が増え、車長の負担が増えるというジレンマを抱えています。

フォート・アーウィン演習場で演習中の海兵隊のM1A1。車外状況の監視は車長の重要な役割の1つ

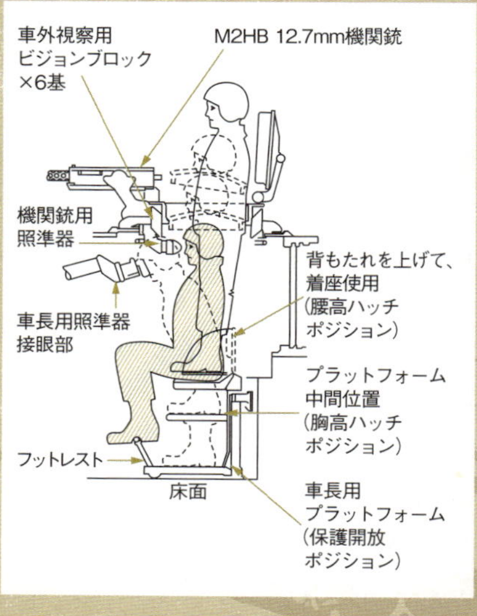

M1A2 SEPを模したシミュレーターの車長席。大画面で高解像度のカラー液晶2画面表示となり、車長が扱える情報量が格段に増えている

2-19 補助動力装置
—燃費の悪さを補うための工夫

M1エイブラムスは、整備性がよく軽量で大出力ということでガスタービンを採用しましたが、止まっているときでもエンジンを回し続けねばならず、停止・待機時でも49.2～68.1ℓ/時の燃料を消費します。燃費の悪さは、戦車の行動範囲を狭め、燃料補給のために兵たんを割かなくてはいけなくなってしまいます。

この燃費の悪さを一部解決する方法として採用されたのが、**外部補助動力装置**（EAPU）です。ユニット自体は、1気筒ディーゼルエンジンによる発電機で、出力は5.6kW。燃料は主エンジンとは別に軽油を使います。これにより、主エンジンを止めても電子機器や油圧系統は動作できます。しかし、装甲もなしに燃料ともども砲塔後部の装具ラックに載せただけなので、イラク戦争（2003年～）では外部補助動力装置が被弾・炎上したことをきっかけに、主エンジンに延焼し、1輌のM1A1が火災で失われています。

M1A2 SEPはこの教訓を生かし、車体後部左側の燃料タンクがあった区画に、**装甲内補助動力装置**を装備しています。この装置は重量231kg、出力10kWのガスタービン式発電機で、6kWの発電能力があります。停止・待機時の燃料消費量は11.4～18.9ℓ/時です。使用する燃料が主エンジンと同じになったので、補給する燃料もジェット燃料JP-8の1種類ですむようになりました。

さらにアメリカ陸軍・戦闘車輌研究開発技術センターは、排気量330cc、重量100kgのロータリーエンジンで発電する補助動力装置を開発しています。この装置にした場合の燃料消費量は3.8ℓ/時にまで減ります。227kgあるバッテリーを、この補助動力装置で代替しようとしており、2009年から搭載する予定です。

砲塔の装具ラックに乗せて装備された外部補助動力装置

写真提供：アメリカ陸軍

イラク戦争（2003年）中の4月5日、もしくは7日に、バグダッドで破壊されたM1A1。12.7mm機関銃で外部補助動力装置が撃ち抜かれて火災を起こし、エンジン火災に発展して行動不能になった

写真：アメリカ陸軍

2-20 幻のM1A3
—要求性能はエスカレートするものの中止

当初M1エイブラムスは、3段階の改良を予定していました。火力強化による戦車単体としての能力向上を図ったブロックⅠはM1A1として、電子装置の強化で戦闘能力の拡大を図ったブロックⅡはM1A2となって結実しました。ブロックⅢは1980年より概念の検討が始まり、自動装填装置の方式、無人砲塔の是非、エンジンとサスペンション形式などが検討対象となっており、まったく別の車輌に仕上がる可能性もありました。

ブロックⅢの形態を探る車輌として1980年、M1の車体をもとに**研究代理車輌**（SRV）と**試験戦車**（TTB）の2車種がつくられました。SRVは搭乗員の配置を検討する車輌で、車体前部に3名を集めた形態と、砲塔バスケット内に車長と砲手を納めた2形態を試すために、5座となっています。試験戦車は主砲を自動装填式の120mm砲とし、車体前部に乗員3名を集めた形態です。砲塔の無人・小型化で、乗員の残存性向上と被発見率の低減を目指しています。自動装填方式は、90式戦車のようなベルト式ではなく、T-72/80戦車のような砲塔下部円周上に設けた弾倉に並べる回転トレイ式で、砲弾を立てて収容しています。

しかし、ソ連の第4世代戦車の出現が予想され、要求はエスカレートします。140mm砲の搭載のほか、トップアタックに対する上面の防御などを要求され、1994年に**先進要素技術試験戦車**（CATTB）が登場します。砲塔は自動装填としたものの有人として大型化し、モジュラー装甲を取り入れています。車体はエンジン、履帯を変更し、ゴム製スカートをつけたサイドアーマーとしています。しかし、M1A2で十分として、開発は中止されました。

研究代理車輌(SRV)

写真提供：GDLS

乗員配置を探るために開発された。武装は搭載されていないが、主砲位置に兵装シミュレーターを配している

試験戦車(TTB)

写真提供：GDLS

自動装填式120mm砲を搭載した無人砲塔、車体前部に乗員3名を集中配置した。主砲は自動装填で、砲塔内は無人化されている

先進要素技術試験戦車(CATTB)

写真提供：アメリカ陸軍

自動装填式の140mm砲、ステルス性、新型ガスタービンエンジンなど新技術を詰め込み、まったく別の車輌に仕上がった

COLUMN 02
劣化ウランとは？

劣化ウランは、原子炉の燃料棒を生産する際にでる副生成物、ウラン238のことです。そして、この劣化ウランであるウラン238に約0.7％のチタンを合わせた合金を弾芯として使用したのが劣化ウラン弾です。劣化ウラン弾の弾芯は、鉄の2.5倍、鉛の1.7倍の比重をもちます。砲弾の貫徹力は基本的に、質量が増えるほど、速度が増えるほど上がります。そのため、徹甲弾の弾芯としては最適な物質といえます。

なお、湾岸戦争に従軍した兵士や、バルカン半島に平和維持活動で駐留するNATO軍兵士に、集団的に発生している痛みや倦怠感、記憶障害などの症状、また彼らの子供や当該地域の新生児に多発している出産異常や先天性障害、白血病を、湾岸戦争症候群やバルカン症候群と呼びます。

そしてこれらの原因として、劣化ウラン弾が疑われています。特に問題とされているのは、粉末になって飛び散ったウランを体内に取り込んだ場合ですが、世界保健機構（WHO）は「体内に入った劣化ウランの95％以上は排泄され、血液に入った場合も67％は、24時間以内に腎臓でろ過され、尿として排泄されます」（世界保健機構2001年4月発表『劣化ウラニウム：放射線源、曝露、健康影響』より）としています。しかし、ウランは、砒素、カドミウムなどと同様に、重金属としての側面もありますから、化学毒性も疑うべきでしょう。

いずれにせよ検証するためのサンプルは少なく、現在のところ劣化ウランが人体におよぼす悪影響に関しては、はっきりしないというのが本当のところです。

第3章

M1エイブラムスの装甲

強固な装甲は戦車を戦車たらしめている要素で、
ほかの陸上戦闘車輌にはありません。
当然、装甲の本当の性能や構造は、軍事機密のベールに
包まれていてわかりません。また、防御する方法も、
見かけ上の装甲を厚くするというだけではありません。
この第3章では、現代戦車に使われている防御技術を
可能なかぎり解説し、M1エイブラムスの装甲に迫ります。

市街戦残存性向上キット（TUSK）を装着したM1A1。この車輌は、防楯上に装備される同軸機銃が増設されていない

3-01 装甲の仕組み
—装甲の基本は均質圧延装甲鋼板

ここまで第3世代戦車の装甲は複合装甲と書いてきましたが、複合装甲なのは砲塔と車体の前面のみで、そのほかの大半は、防弾鋼板を溶接しています。車体を形成する方法はリベットで留める鋲接《びょうせつ》、鋳型に流し込む鋳造《ちゅうぞう》もありますが、素材に鋼鉄を使うのは戦車登場時から変わりません。鋼鉄のメリットは、軍民問わず素材として広く使われていて扱いやすく、生産ラインの整備が低コストですむことです。

戦車の装甲に使われる鋼板は、鉄と炭素の合金である炭素鋼（普通鋼）に、ニッケル、クロム、モリブデンを加えたもので、これに熱処理を加えて使います。**均質圧延装甲鋼板**（RHA）と呼ばれます。硬さとともに靭性《じんせい》（粘り）があり、砲弾が当たっても割れません。厚さをもたせれば、装甲内で受け止めることもできます。また、溶接のしやすさも含めた加工性の高さも重要です。

砲弾の装甲貫徹力や、複合装甲の耐弾性は、この均質圧延装甲鋼板に置き換えた場合、何mmに相当するかで表します。このときに使われる標準の均質圧延装甲鋼板は、アメリカ軍規格MIL-A-12560で規定されています※。たとえば砲弾の装甲貫徹力を表す場合は、無限の厚さの均質圧延装甲鋼板を仮定し、その中を何mm侵徹できるかとなります。なお、現在使われている防弾鋼板は、組成材料を変えたり、製造過程を精密化することにより、この標準の均質圧延装甲鋼板よりも耐弾性が上がっていますが、組成、強度については、公開されていません。

※アメリカ鉄鋼協会規格でAISI 4340に相当する低合金鋼。組成は、炭素0.1%、クロム0.3～0.4%、ニッケル0.5%、モリブデン0.07～0.15%、バナジウム0.1%

装甲に靭性があるほうがよい理由

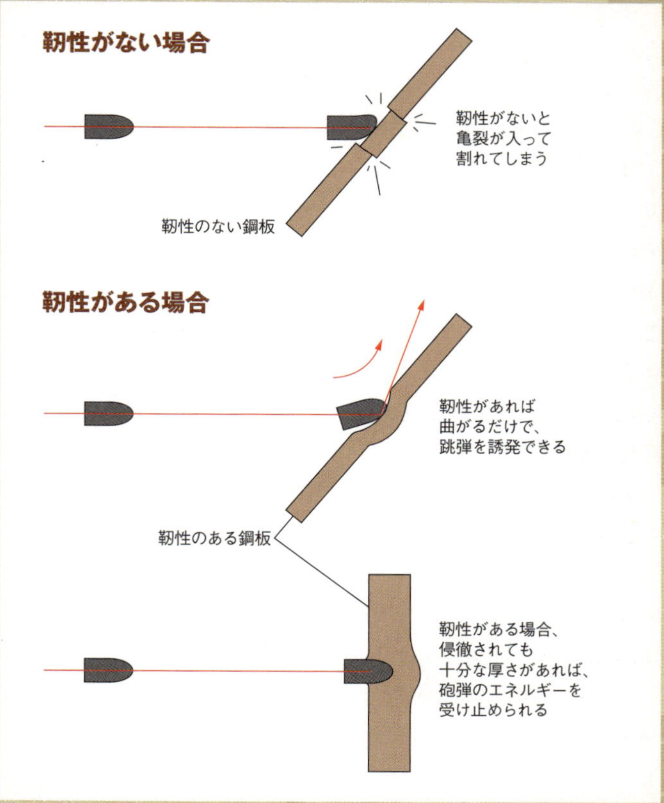
靭性がない場合
靭性がないと
亀裂が入って
割れてしまう
靭性のない鋼板
靭性がある場合
靭性があれば
曲がるだけで、
跳弾を誘発できる
靭性のある鋼板
靭性がある場合、
侵徹されても
十分な厚さがあれば、
砲弾のエネルギーを
受け止められる

3-02 傾斜装甲と避弾経始

—昔の戦車は弾を弾いて身を守った

どちらも第3世代戦車には用いられていませんが、従来型装甲の基礎ということで解説しましょう。**傾斜装甲**は、装甲の見かけ上の厚さを増やす手法です。第二次世界大戦におけるソ連の傑作戦車T-34から、本格的に取り入れられました。

厚さtの鋼板を角度θで置くと、水平に飛んでくる砲弾にとっては見かけ上t'の厚さがあることになります。t'の値は、厚さtをθの正弦（sin）で割れば求められます。たとえば、厚さ100mmの鋼板を30°傾けて設置した場合、見かけ上の厚さは100÷sin30°で200mmとなります。しかし、これは鋼板を寝かせることで同じ面積をカバーするのに2倍の面積を使っていることになり、戦車本体としては大きく重くなってしまう可能性もあります。

浅い角度で当たった砲弾は、エネルギーが分散されて装甲と平行方向の力が生じ、砲弾が滑るような形で跳弾します。川面に向かって平石を水平に近い角度で投げる水切りをイメージするとわかりやすいでしょう。

これを狙ったコンセプトが**避弾経始**《ひだんけいし》で、第二次世界大戦後期〜戦後第2世代戦車まではこれを取り入れ、砲塔は丸味を帯びた鋳造製が大半でした。

しかし、どちらも装弾筒付翼安定徹甲弾の前では無意味となり（50ページ参照）、第3世代戦車から傾斜装甲と避弾経始は消えました。M1エイブラムスやイタリアの第3世代戦車C-1アリエテの砲塔前面は傾斜していますが、後述する中空装甲における空間の距離を稼ぐためであり、見かけ上の装甲厚の増大を図ったものではありません。

傾斜装甲の利点

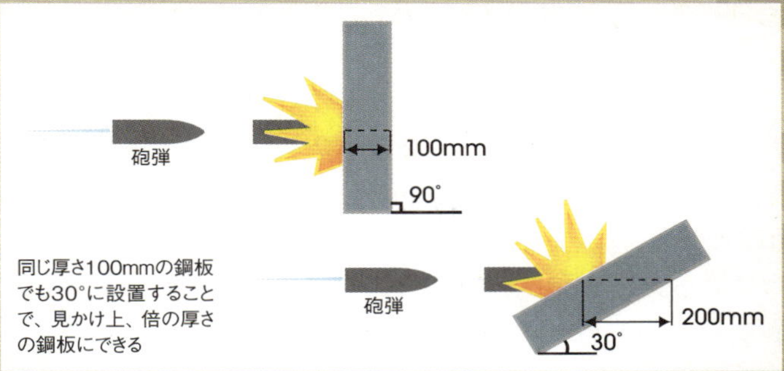
砲弾
100mm
90°
同じ厚さ100mmの鋼板
でも30°に設置すること
で、見かけ上、倍の厚さ
の鋼板にできる
砲弾
200mm
30°

T-34中戦車

第二次世界大戦におけるソ連軍の主力戦車。車体前面は、45mm厚の装甲板を30°に置き、見かけ上90mmの装甲厚を実現している。実際、戦時中にイギリスの兵器局による耐弾試験でも、直立した75mm厚の装甲板と同等と評価している

IS-3重戦車

第二次世界大戦末期に登場したソ連軍の重戦車。砲塔は、避弾経始と正面面積の減少を狙い、低く曲線で構成されている。その後の戦車開発に多大な影響を与えた

3-03 中空装甲

—開発初期はM1エイブラムスも採用

中空装甲は、**空間装甲**（スペースドアーマー）ともいいます。成形炸薬弾に対応して考えられた装甲で、表面の薄い装甲と内側の本来の装甲の間に空間を設けています。成形炸薬弾は爆発でできた針状ジェットを高速でぶつけることで、装甲への侵徹を図ります（52ページ参照）。この針状ジェットの形成には、最適な距離（スタンドオフ）があります。この距離を狂わせるために本来の装甲の前に薄い装甲を設け、薄い装甲で起爆させて、本装甲までの距離のぶんだけ針状ジェットの威力をそいでしまおうというのが、中空装甲の基本的な考え方です。

当たって起爆する粘着榴弾※のような砲弾に対しても、衝撃波の伝達を阻害する効果があります。しかし、現在の対戦車砲弾の主流となっている**装弾筒付翼安定徹甲弾（APFSDS）のような運動エネルギー弾には効果がありません**。また全方向に十分な空間を確保すると、車輌全体が肥大化してしまう欠点もあります。

開発初期段階のレオパルト2、M1エイブラムスは、中空装甲を採用していましたが、まもなくイギリスで複合装甲の一種、チョバム装甲が開発されて、砲塔と車体の前面は取って代わられています。とはいえ、そのチョバム装甲も、中空装甲の空間にセラミックなどの素材を入れるという発想から生まれたものなので、複合装甲は中空装甲の進化形といえます。

履帯の外側につけるサイドシールドも、車体本体を本装甲に見立てれば、中空装甲と同じ働きをします。

※装甲表面でつぶれて爆発し、爆発の衝撃波で装甲の内側を崩壊させ、その破片で中の乗員を殺傷する砲弾。現在もイギリス軍が使用している

中空装甲の概念

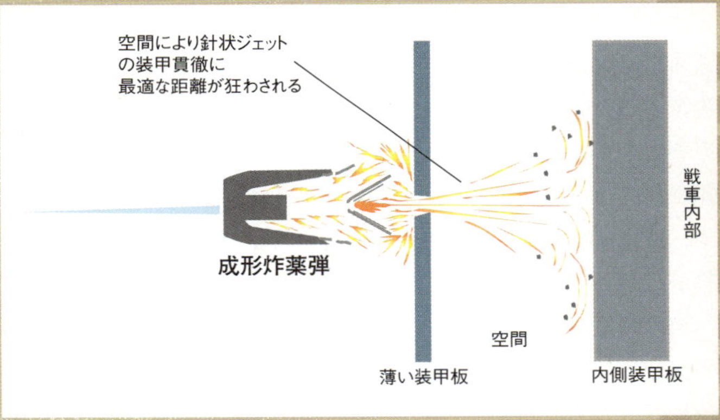

写真提供：アメリカ陸軍

サイドシールドを開けて整備中のM1A1。サイドシールドは履帯幅の空間をもつので、車体側面を守る中空装甲と見なせる

3-04 複合装甲❶
—M1はバーリントン装甲で登場

複合装甲は、対戦車ミサイルが優位だった陸戦において、戦車を再び陸の王者に返り咲かせた立役者です。その名のとおり、複数の素材を組み合わせてつくられる装甲です。各素材の特性を利用して、硬さ、靭性、耐衝撃性、耐熱性など**装甲全体の耐弾性を向上**させています。使われる素材は、ファインセラミックス、強化繊維、重金属などが知られていますが、あらゆる工業材料が対象となるので、意外な素材が使われていることもあります。

初めて複合装甲を取り入れたのは、1966年に登場したソ連のT-64中戦車です。ごく初歩的なもので、砲塔前面が120mmの鋳造装甲、150mmのガラス繊維、40mmの鋳造装甲の3層からなり、運動エネルギー弾に対して450mm、化学エネルギー弾に対して900mm相当の耐弾性（どちらもRHA換算）を発揮しました。のちにこの装甲の情報を得た西側は、Kフォーミュラと呼びました。

続いて実用化したのはイギリスです。チョバム戦闘車輌研究所が開発したチョバム装甲で、セラミック装甲を防弾鋼板ではさんだものと推測されています。開発の成功が発表されたのは1976年ですが、技術情報は1965年と1968年にアメリカ側に流されていました。そして、その情報をもとにアメリカの弾道調査研究所が開発したのがバーリントン装甲です。

M1エイブラムスはバーリントン装甲を装着して登場しました。この装甲は、成形炸薬弾に対する防御を重視していて、化学エネルギー弾に対して700mm相当の耐弾性を示しましたが、運動エネルギー弾に対しては350mmと、防弾鋼板とたいして変わらないものでした。

世界初の複合装甲を装着した、ソ連のT-64中戦車。ガラス繊維を封入しただけの単純な構造だったが、厚さ310mmの砲塔前面において900mm相当（対HEAT、RHA換算）の耐弾性をもっていた

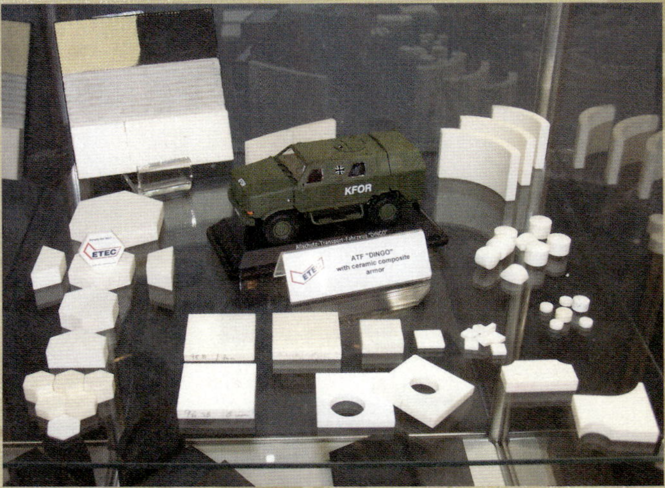

兵器見本市、IDET2007で展示された、ドイツ・ETAC社の中量型複合装甲に使用するセラミックタイル。装甲車の模型の後ろにはセラミック1層、複合材3層の複合装甲の積層モデルが展示されている

3-05 複合装甲❷
―M1A2は中の装甲に劣化ウランを使用

装弾筒付翼安定徹甲弾の侵徹体、成形炸薬弾の針状ジェットはどちらも、超高圧によって掘り進みます。そして、セラミック層（もしくは重金属層）に入ると、その侵徹方法が通用せず、運動エネルギーでゴリ押しして進むことになるのも同じです。ただ侵徹体のほうが質量が大きいので、それでも進む距離を稼げます。これが複合装甲における、装弾筒付翼安定徹甲弾と成形炸薬弾との侵徹長の大きな差となって現れます。

M1やM1A1は、防弾鋼板にセラミックタイルを積み重ねた装甲を装着していると推測されます。この形態は右図のように高速で侵徹する成形炸薬弾には非常に有効です。しかし、それより速度の遅い運動エネルギー弾になると、セラミック特有の亀裂が入った場合、一気に強度が落ちてしまいます。

そこで侵徹体への対策として、ガッチリと外枠をはめるようにセラミック素材を高強度金属カプセルに高圧で封じ、侵徹体の開けた穴を押し戻すようにして、侵徹プロセスを阻害し、あわよくば侵徹体そのものの折損を狙う**拘束セラミック装甲**が考えられました。

M1A1HA以降、劣化ウラン合金であんだメッシュとセラミックスを金属ケースに収めた装甲パッケージを装着しています。ただし、この装甲パッケージは圧力をかけて封入されてはいません。耐弾性は、砲塔前面において940～960mm（運動エネルギー弾）、1,320～1,620mm（化学エネルギー弾）相当といわれています。劣化ウランの装甲は、比較的安価に高い耐弾性を得られますが、非常に重くなるので、機動性や運用性にしわ寄せがきます。

針状ジェットのセラミック装甲内でのふるまい

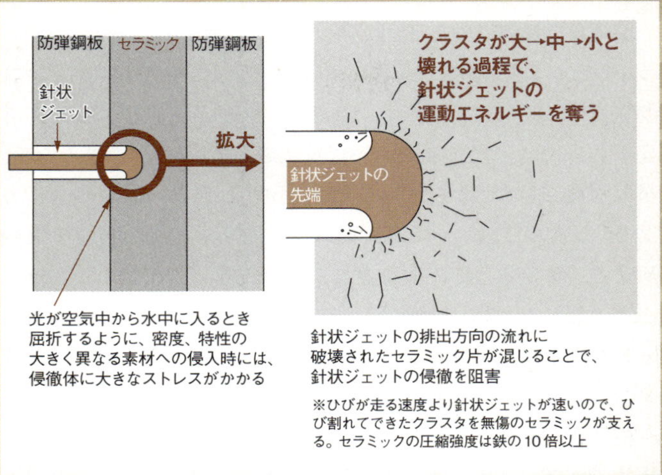

針状ジェットの排出方向の流れに破壊されたセラミック片が混じることで、針状ジェットの侵徹を阻害
※ひびが走る速度より針状ジェットが速いので、ひび割れてできたクラスタを無傷のセラミックが支える。セラミックの圧縮強度は鉄の10倍以上

拘束セラミック装甲が侵徹を阻害する仕組み

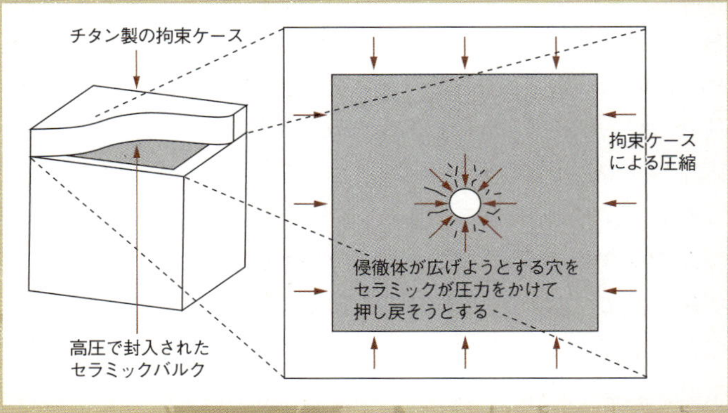

3-06 爆発反応装甲

―M1は市街戦残存性向上キットで装備

爆発反応装甲(ERA)は小さな箱型で、対成形炸薬弾用の補助装甲となります。複数個を車体や砲塔の表面に並べて装備します。爆発反応装甲のアイデアは、1949年にソ連の鉄鋼化学研究院で登場し、1960年代に最初の先行量産製品までこぎつけましたが、事故を含むいくつかの理由で研究はストップし、1974年まで再開されませんでした。これと同じものが1970年、西ドイツの別の研究者によって特許を取得され、イスラエルで実用化しました。同国のレバノン侵攻(1982年)で初めて実戦に使用され、爆発反応装甲は当初の目論見どおり、対戦車ミサイルやロケット推進てき弾の成形炸薬弾頭を無力化し、その有効性を証明しました。

爆発反応装甲は2枚の鋼板の間に爆薬をはさんでおり、**衝突の圧力で起爆**します。爆発によって吹き飛ばされた表面側の鋼板が高速で成形炸薬の針状ジェットを横切り、侵徹する勢いをそぎます。またこれを応用して、吹き飛ぶ鋼板を厚く重くつくり、もっと質量の大きい徹甲弾の侵徹体も押しのけられるようにした爆発反応装甲も開発されています。

ただし、爆発反応装甲は戦車の防御手段としては有効ですが、随伴歩兵や装甲のない車輌が近くにいるときに作動した場合は、それらを殺傷・破壊してしまう可能性があります。そのため装着位置を車体の正面に限定したり、歩兵の展開範囲を制限するなど工夫しています。M1エイブラムスも市街戦残存性向上キットで、爆発反応装甲XM19を64個、車体側面にARAT Ⅰ※の呼称で装着しています。

※Abrams Reactive Armor Tiles Ⅰ(エイブラムス反応装甲タイルⅠ型)の略

爆発反応装甲の概念

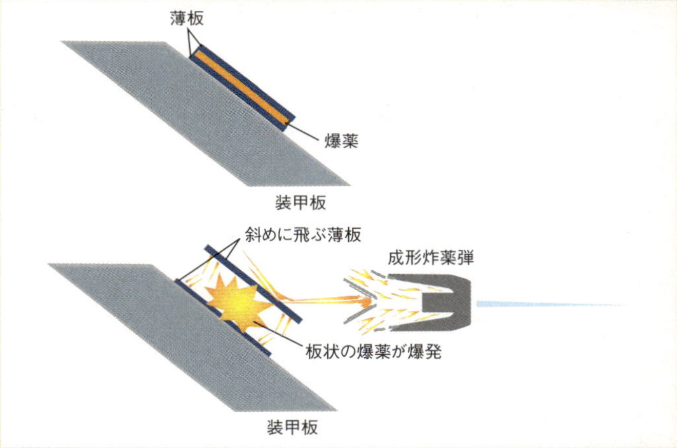

T-72戦車に装着される爆発反応装甲DYNA。中を見せるために角の一部を切り落としている。そこから二重の角パイプの間に白い炸薬が充填されている構造が見える

写真提供：アメリカ陸軍

新生イラク陸軍のT-72（右）と並ぶM1A1 TUSK（左）。サイドアーマーに代わって側面についた箱状のものが、爆発反応装甲

3-07 内張り装甲
—車内の乗員を守る最後の砦

砲弾（銃弾）が貫通するときは、たいてい車輌内側の破片をともないますし、成形炸薬弾だった場合は、貫通した穴から針状ジェットになれなかった金属破片（スラグ）が高温のガスとともに吹き込んできます。

なにも対策をしていないと、その穴からスプレーのように車内に破片が広がり、広範囲に被害がおよんでしまいます。しかし、内側に破片を受け止める装甲が張ってあれば、弾の直線上にいる乗員の直撃は仕方ないにしても、その周辺の乗員には被害がおよびません。

装甲裏面からの剥離物（スポール）を受け止めて、乗員保護を狙ったのが**スポール・ライナー**、破片の飛散（スプラッシュ）する角度を小さくして被害の範囲を限定し、残存性の向上を図ったものを**スプラッシュ・ライナー**と定義しますが、どちらも内張り装甲のことです。適用する方法は同じですが、求める結果の方向性が違うだけです。また榴弾砲などの大重量砲弾が直撃した場合に起こる、衝撃波の車内への伝達を妨げる効果もあります。ライナー（内張り）という言葉に惑わされがちですが、厚さは20～50mmもあります。

内張り装甲は、アラミド繊維を積み重ねた繊維強化プラスチック（FRP）などがふつうですが、PBO繊維※1、超高分子量ポリエチレン板※2といった高性能材料が実用レベルで装着できるようになると、ある程度の耐弾性も期待できるようになります。

※1 ザイロンという商品名でも知られ、有機系繊維のなかで最高レベルの引張強度と弾性率をもつ
※2 UHMW-PEとも表記されるプラスチック。ナイロン樹脂以上の耐摩耗性、プラスチックのなかで最高の衝撃強度をもつ

内張り装甲の概念（成形炸薬弾の場合）

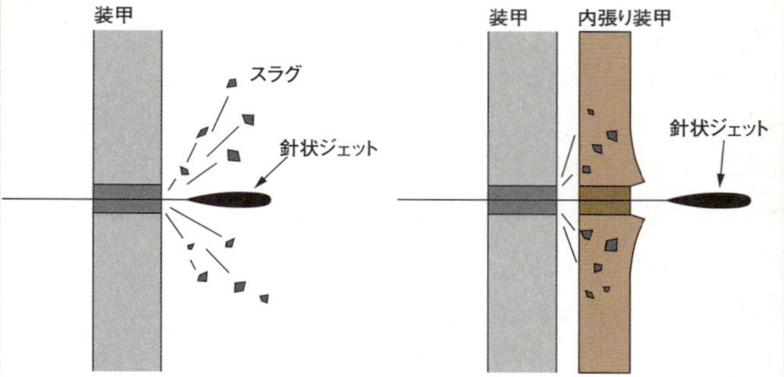

なんの対策もない場合、 貫通されるとともに、貫通穴から、高温の爆風やスラグが吹き込まれ、車内の広い範囲に被害がおよぶ

内張り装甲がある場合、 貫通は防げないが、 貫通穴から吹き込まれるスラグや爆風が、内張り装甲に食い込んで吸収され、 被害は針状ジェットの射線上のみに限定される

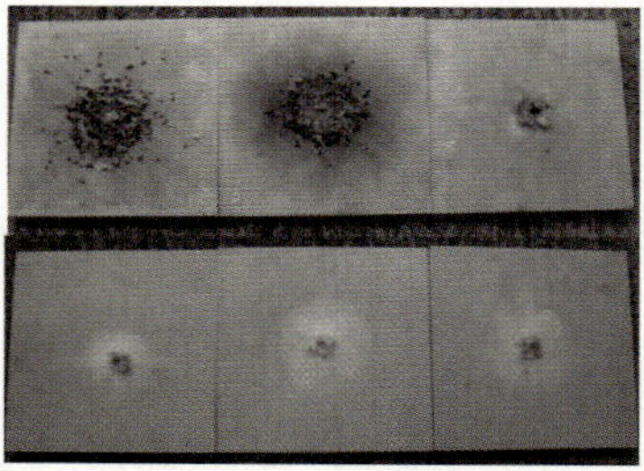

内張りを装甲から置いた距離で比較した写真。右から0mm、50mm、100mm。上の段が外側、下の段が内側。どれも貫通はしているが、破片はすべて受け止めている

写真提供：DTIS

3-08 ケージ装甲
—M1エイブラムスでも利用は可能

読んで字のごとく、金属プレートでケージ（鳥かご）のような外観の装甲を組み上げており、鳥かご装甲、スラット装甲とも呼ばれます。RPG-7のようなロケット推進てき弾に特化した空間装甲で、弾頭より少し狭い間隔で格子を組み、車体から50cmほど離して設置します。弾頭が飛んできても格子の間にはまれば、**先頭の信管は作動せずに不発**で終わりますし、格子に当たって信管が作動したとしても、車輌本体から十分離れているので、**爆風だけ**ですみます。ロケット弾攻撃に対してのみなら、非常に効果的で軽量･安価な装備です。

イラク、アフガニスタンでの治安活動はこれでたいていカバーできるので、同地で活動する装甲車には多数装着されています。戦車でもアフガニスタンに展開するカナダ軍のレオパルト2は、正面以外の外周をケージ装甲で覆ったり、イラクに展開するイギリス軍のチャレンジャー2が車体、砲塔の後半部分の追加装甲として装着しています。M1エイブラムスでも市街戦残存性向上キットにおいて、エンジンの排気グリル全体を覆うように、スラット装甲を車体後面に増設するはずでしたが、実際に装着している車輌は見当たりません。

同様の装甲は、イスラエルで使われているチェーンカーテンがあります。末端におもりをつけたたくさんのチェーンを車体から離れた位置にぶら下げたものです。**チェーンはケージ装甲の金属格子と同じように機能**します。同国の戦車、メルカバの場合、砲塔後部の底部外周にのれんのように取りつけて、戦車の弱点である砲塔基部をロケット推進てき弾から守っています。

写真提供：アメリカ国防総省

アメリカ陸軍のストライカー装甲車。全周にわたってケージ装甲が取りつけられている

写真提供：アメリカ陸軍

イラクで活動するイギリス陸軍のチャレンジャー2。車体、砲塔の前半分は爆発反応装甲、後ろ半分はケージ装甲を取りつけている

写真提供：israeli-weapons.com

イスラエル国防軍メルカバMk.4の砲塔後部。ロケット推進てき弾対策に、砲塔底部外周にチェーンがぶら下げられている

3-09 砲塔はなぜ丸くないのか？
—セラミックは曲げ加工ができない

丸味をおびたなめらかな砲塔は、避弾経始（86ページ参照）を追求した結果できた形状です。しかし、50ページで解説した装弾筒付翼安定徹甲弾の登場で、第1、第2世代戦車の丸味をおびたなめらかな形状から一転して、第3世代戦車の砲塔はみな押し並べて平面を組み合わせた形状となりました。

乗用車だとそのときの商業デザインの流行なども考慮されて決まりますが、戦車の場合は装甲技術（これもある種の流行です）によって決まります。そして第3世代戦車の砲塔デザインは、装甲技術の肝であるファインセラミックスの製造・加工技術に左右されることになります。

装甲として使える品質と大きさを兼ね備えたセラミックの量産には高い技術が要求されます。**セラミックの素材としての特徴は、金属をはるかに上回る硬さ（圧縮強度）ですが、曲げ加工はできません**。これが、砲塔が単純な平面で構成される理由です。また平面でも傾斜させると、必要な面積が増えるので、コストが上がります。拘束セラミック装甲になると高圧でセラミックを封入するカプセルの製造で、さらに技術のハードルが上がります。

その視点で見ると、アメリカは劣化ウラン合金とセラミックを常圧で封入した装甲パッケージを装着する一方で、1996年ごろから装甲用セラミックの開発に予算をつけているので、高強度セラミックの開発が立ち遅れていることがうかがえます。またフランスはセラミックを封入したカプセルをモザイク状に配した、モジュラー装甲を装着していますが、裏を返せば大きなセラミック素材を製造できないことを示唆しています。

写真提供：アメリカ国防総省

避弾経始の追求と鋳造により、丸い砲塔となったソ連の第2世代戦車T-62

写真提供：アメリカ陸軍

M1A2。A1（HA）以降、劣化ウラン合金とセラミックを組み合わせた装甲パッケージを装着している

3-10 アクティブ防御——ソフトキル
—敵の目をくらまして身を守る

ここまでの解説で、「飛んでくる弾を迎撃できれば、もっと防御力が上がるのではないか？」と思う方もいるでしょう。そのとおりです。まず登場したのは、対戦車ミサイルの誘導プロセスに介入して無力化するソフトキルタイプです。対戦車ミサイルは、目視による有線誘導、熱線画像による誘導、レーザー光線/ミリ波による誘導の3種類があります。

レーザー光線/ミリ波による誘導の場合、捜索・照準の際にかならずそれらが照射されます。そこで、レーザー光線/ミリ波を探知したら、その反射をたどって飛んでくるミサイルに偽の反射波を与えて、あらぬ方向へ誘導します。有線と熱線画像の場合、測距の際に照射されるレーザー光線を探知したら、連動する発煙弾発射器から煙幕弾を射出し、文字どおり煙に巻きます。煙は可視光線だけでなく、赤外線領域も隠すので、射手や赤外線シーカーは目標を追尾し続けられません。

なお、イラク戦争（2003年）に参加したアメリカ海兵隊のM1A1が装備していたAN/VLQ-8Aミサイル妨害装置は、**赤外線をまき散らすことで、有線と熱線画像誘導ミサイルを無力化**します。砲塔上面左側に固定された四角い箱がそれです。

ただし、赤外線の妨害範囲は、装置の正面から左右40°、上下12°と狭く、しかも発煙弾発射器との連動機能はなかったので、赤外線レーザー誘導ミサイルにしか対処できません（赤外線を使わずに目視だけで追尾する誘導ミサイルには対応できない）。なにより作動時は、赤外線フラッシュをたくので、さらに目立ってしまうデメリットがあり、大規模戦闘終結後は外されています。

写真提供：アメリカ国防総省

砲塔上面左側についたオレンジ色の面をもった箱型のユニットがミサイル妨害装置

写真提供：KMDB

ウクライナの第3世代戦車オプロートM。T-90戦車への搭載で世界初のミサイル妨害装置となったTShU-1-7 シトーラ1を搭載している。矢印部は同装置の赤外線ジャマー。対処できるのは、有線誘導と赤外線レーザー誘導ミサイルの2種類だ

3-11 アクティブ防御――ハードキル

―攻撃を水際で食い止める仕掛け

ソフトキルは、対戦車ミサイルには効果があるものの、ロケット推進てき弾のような、誘導装置をもたない対戦車兵器にはまったく効果がありません。そこで飛来する弾頭を感知し、迎撃するシステムが考えられました。迎撃方法は、小型の車載レーダーで感知し、散弾や榴弾などの対抗手段を発射して、本体に影響のない30mほどの距離で破壊するというもの。いまのところ探知から迎撃まで0.1秒以下、迎撃成功率は90％以上です。さらに重くて速い徹甲弾の侵徹体を迎撃できるシステムも開発中です。

アクティブ防御システムの開発に熱心なのは、ロシア、ウクライナとイスラエルです。ロシアはソ連時代の1983年に、世界最初のアクティブ防御システムであるドローズドをT-55戦車に装備したT-55ADを開発しました。その直系であるアレナは、T-80UM戦車や韓国の最新鋭戦車XK-2フクピョに搭載されています。イスラエルは複数のメーカーが開発しており、2006年のレバノン侵攻の際、対戦車ミサイルとロケット推進てき弾で大量の損害をだしたため、直後にラファエル社の**トロフィー・システム**を装備することを決めました。

ただ、作動すれば爆発反応装甲のように随伴歩兵に危害をおよぼす可能性があり、しかも探知のためにレーダーを作動させて電波をまき散らしてしまっては、自分の存在を知らせてしまいます。よってアクティブ防御を戦車に装備するのは、装甲に自信がないか、電波探知機をもてないようなゲリラを相手にする場合です。アメリカではM1戦車よりも、装甲の薄いストライカー装甲車への搭載が研究されています。

将来型戦闘車輌に搭載するアクティブ防御システムのイメージ

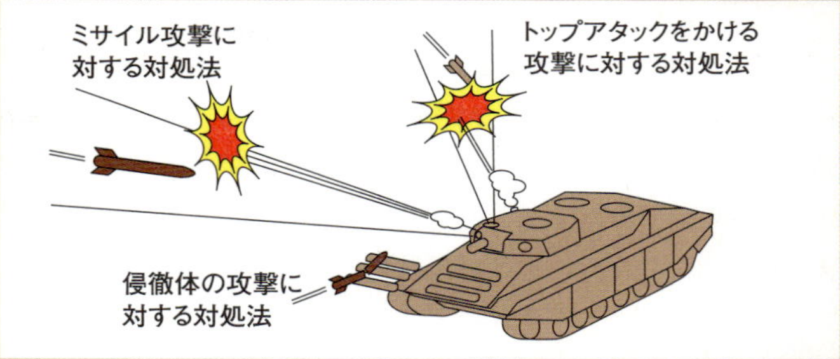

トロフィー・システムの連続写真

イスラエル、ラファエル社のアクティブ防御システムであるトロフィー・システムによる、ロケット推進てき弾迎撃の連続写真。小型の車載レーダーで弾体を捉え、散弾を発射、迎撃する

写真提供：ラファエル

3-12 発煙弾発射器
―煙幕で敵の目をくらます

煙幕によって敵から姿を隠しながらその場から離れたり、随伴歩兵の進撃を支援したりします。また前述のアクティブ防御と連動して、ミサイルから逃れるために発射することもあります。たいてい砲塔の側面に複数本をたばねて装備しています。発煙弾のほか、対人用の散弾、暴徒鎮圧用の音響閃光弾などを発射できます。しかし、M1エイブラムスが装填するのは発煙弾だけです。

M1エイブラムスが装着する発射器は陸軍用M250と海兵隊用M257の2種類です。M250は片側6発で、各発煙弾が前方正面を0°として、5～55°まで10°刻みに指向されています。発射ボタンは車長パネルに2個あり、1個押すと片舷3発ずつの6発が発射され、2個同時に押すと両舷12発が斉射されます。発煙弾の飛距離は30mです。M257は片側8発で、5°、25°、35°、52°の4方向に2発ずつ指向されています。発射パターンは同じで、片舷4発ずつと両舷16発斉射となっています。飛距離も同じです。

装填できる弾種は、L8A1/A3発煙弾、M76チャフ弾、M82訓練弾の3種ですが、たいていは赤リンとブチルゴムの混合体を詰めたL8A1/A3発煙弾が装填されています。発煙弾は、発射されて8秒ほどで発火し、赤リンは燃焼して五酸化二リンの白い煙を発生します。この煙は**可視光線だけでなく、赤外線に対しても隠蔽効果**があり、A1なら2分、A3なら4分間持続します。なお、赤リンにも煙にも、毒性はほとんどありません。M76チャフ弾は、真ちゅう箔をまいて、赤外線領域も隠ぺいしますが、持続時間は45秒しかありません。M82訓練弾は酸化チタンの粉末を入れ、発射感覚をつかむために使います。

写真提供：アメリカ陸軍

イラクのバグダッド市内を警戒するM1A1。M257発煙弾発射器を装着している

M1A1から発煙弾6発を発射したときの連続写真

写真提供：
アメリカ国防総省

広がった煙幕をそれぞれの波長のカメラを通して見た映像。目視はもちろん、敵の赤外線もくらませられる

左上：可視光線
右上：長波長赤外線前方監視装置
左下：長波長赤外線照準器
右下：中波長赤外線

写真提供：
アメリカ国防総省

3-13 敵味方識別装置
―悲惨な同士討ちを避けるための工夫

湾岸戦争（1991年）の地上戦では、多くの同士討ちが発生しました。地上の場合、地形と天候に大きく左右されるうえに、予想外の遠距離戦となったことも原因です。赤外線センサーで強化したとしても、最終的な判断が肉眼となっては、同士討ちが多発するのも無理からぬことでした。その反省をふまえ、敵味方識別のための対策が1992年12月から始められました。

地上戦ですから、ハイテク機器を使わずに、容易な識別が可能なことが求められました。その結果、統合戦闘識別システムのもと、2種類の敵味方識別装置が生まれたのです。どちらも熱線カメラを通して見ることで、判別する機材です。

1つは**敵味方識別パネル※と呼ばれる波板状のパネル**です。大きさは610×762mmで、アルミ板のパネルに熱を吸収するテープを貼っています。このパネルは、熱線カメラを通して見ると、その板の部分だけ、冷たく黒い四角となって表示されます。ただ、敵方も熱線カメラで見るとすぐ判別できてしまうので、このパネルは取り外し式です。このパネルに貼ってあるテープは、ホコリがついたり、少しでもはがれたりすると、効力が落ちてしまうので、常にきれいにされています。

もう1つは、**上空から識別するための熱識別パネル**です。大きさは1.22mの正方形で、表がサンドイエロー、裏が蛍光オレンジで、車輌の天井などに貼って使用します。M1エイブラムスの場合は、砲塔後方のバスル上面に置いていました。これも熱線カメラで黒い四角となって映ります。

※敵味方識別パネル（CIP：Combat Identification Panel）

砲塔側面についている洗濯板のような波板が敵味方識別パネル。左右と後ろにつけられている

敵味方識別パネルは砲塔前面にも貼られるが、効果が低かったのか、大規模戦闘終結後、早々にはがされている

3-14 NBC防御
—「汚い兵器」から乗員を守る仕組み

現代戦では、核·生物·化学（NBC）兵器が使われても活動できることが求められ、**NBC防護装備は現代の装甲戦闘車輌では標準**となっています。核、生物、化学、どれも施す対策はいっしょで、乗員が汚染された外気に触れたり、吸入しないようにします。車輌になんのNBC防護策も施されていない場合は、防護服と簡易フィルター付フェイスマスクを装着して乗り込みますが、非常に動きにくく、フィルターの持続時間に制限されてしまいます。

そこで戦車のNBC防護策は、外気をフィルターで濾過して車内に取り込み、その空気をホースつきフェイスマスクとベストを通じて個々に供給します。同時に外気が入り込まないよう、車内の空気圧は、外気より高めに与圧します。これも一種のエアコンですが、温度を管理するものではないため、ヒーターはついていますが、中東仕様の車輌を除いてクーラー機能はありません。

さて、現代戦車ではNBC防護は標準装備と書きましたが、初期のM1エイブラムスは、NBC防護のためのエアコンが搭載されていませんでした。装備されるのはM1A1からで、車体左側にエアコンユニットを搭載し、NBC環境下では、操縦席左後方に取りつけたNBCフィルターに空気を通して使います。M48 NBCフィルターは5,663ℓ/分の濾過能力をもち、これを補助する機材として、AN/VDR-2放射能検知器と、化学兵器用にM43A1検知器を装備しています。また電子機器を強化したM1A2 SEPでは、熱暴走によるダウンを防ぐため、温度管理システムを導入し、冷却能力を7.5kWに強化したエアコンユニットを、砲塔後部の装具ラックに載せています。

NBC防護装置

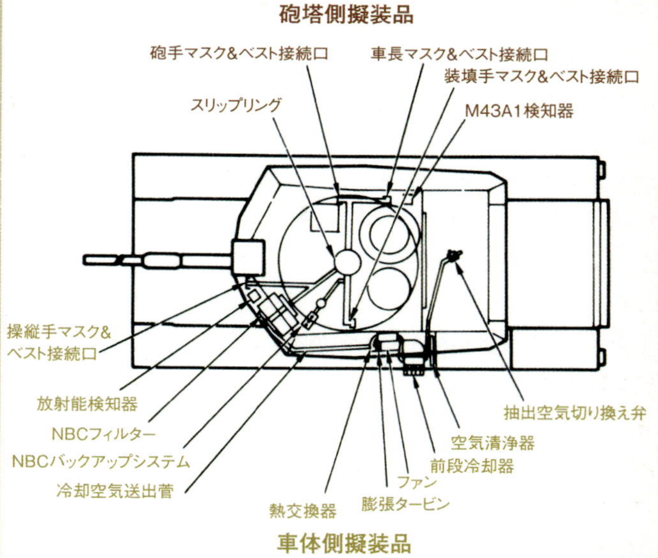

車体左側面のスリットが、A1から設置されたエアコンの吸気口

3-15 全周防御への転換
—市街戦残存性向上キット計画の開始

イラク戦争(2003年)の大規模戦闘終結後、M1エイブラムスは新たな脅威に直面します。即製簡易爆弾による遠隔攻撃、ロケット推進てき弾を使った待ち伏せ攻撃、そして自爆テロです。特に建物が混み入って身動きがとれない都市部では、防御力のあり方を考え直さなければならないほどの損害を受けました。そして2004年より市街戦残存性向上キット(TUSK:Tank Urban Survival Kit)計画を開始します。全周方向への監視能力と乗員防護の強化を要目とし、以下の改修メニューが用意されました。

- 爆発反応装甲ARAT Iの装着
- 装填手機銃に熱線映像カメラ&ディスプレイと防弾シールドの装着
- 歩兵と車内を結ぶ外部電話を車体後面に装備
- 操縦手用に熱線カメラ&ディスプレイの設置
- 防楯上に対狙撃手/対物機銃を装備
- 遠隔操作できる熱線カメラの設置
- 車体下面に腹部装甲の装着
- 対戦車地雷から防護する操縦手シート
- 増える電源需要に応える車内電源分配器(コンセント)の設置

これらの改修は、現地の修理工場で約12時間かければできます。2007年より現地のデポ(拠点)で改修を始め、イラクに展開するさまざまなバージョンのM1エイブラムス、560輌に適用する予定です。しかし十分な数が用意できないため、車輌ごとに改修内容が異なり、遠隔操作式熱線カメラは、車長用機銃マウントへの設置に変更されています。

計画当初の市街戦残存性向上キット改修内容

イラクのデポ(拠点)から引きだされた、最初に市街戦残存性向上キットが施された改修車。どちらも写真の車輌はM1A1 AIMをベースにしている。装填手用防弾シールドは背が高く、防弾ガラスをはめ込んだものになっている

3-16 市街戦残存性向上キットの詳細
―乗員を守るさまざまな装備

続いて、市街戦残存性向上キットの主だったものを見ていきましょう。下の表にまとめました。市街戦残存性向上キットは、Ⅰ、Ⅱ、Ⅲと発展していきます。Ⅱはすでに実車が発表されています。

市街戦残存性向上キットの詳細

市街戦残存性向上キットⅠ	
ARATⅠ	ARATは、Abrams Reactive Armor Tilesの略で、M2/3ブラッドレー装甲車から転用した爆発反応装甲です。制式名はXM19です。車体側面に16個を2列に並べて装着します。
装填手用熱線映像カメラ&ディスプレイ	装填手用機銃の上にカメラを取りつけ、その映像が車内と装填手のかけるゴーグルに映しだされます。これは歩兵に情報端末、センサーを装備させるランドウォリアー計画から派生した装備です。
外部電話	車体後部右に箱を設け、その中にプッシュトーク式の送受話器が納まっています。車内の切り替えで車内の誰とでも会話でき、さらにその車輌と無線で通じている先（指揮所、前線航空管制機など）とも会話ができます。
操縦手用熱線カメラ&ディスプレイ	操縦手用の潜望鏡に取りつけて使います。熱線カメラに10.4インチ、解像度800×600ドットの液晶画面を取りつけたような形です。視野は水平31.5°、垂直42.2°で、クリアな環境なら1,790mまで、ほこりっぽい環境だと190mまでの静止車輌を見分けられます。
対狙撃手/対物機銃	都市戦の経験にたけたイスラエルから学んで取りつけた12.7mm機銃です。砲手用の照準器を使うので、2,000m先の目標を狙えます。機銃の右側にはキセノンライトがつきます。
熱線カメラ	車長用機銃の銃架に取りつける車長用カメラです。第2世代の熱線カメラ（122ページ参照）を使っています。すでにCITV（124ページ参照）をもち、同じカメラがつけられているA2以降には適用されません。
腹部装甲	地雷から守るために厚さ200mm、重量1,360kgの装甲板が車体底部に装着されます。爆風を逃すためにV字型になっています。
地雷防護操縦手シート	地雷からの衝撃を操縦手に伝えないように、シートが車体天井からつられており、操縦手は4点式シートベルトで体を固定します。
市街戦残存性向上キットⅡ	
ARATⅡ	さらに軽くて防御力のすぐれた爆発反応装甲ARATⅡへの変更。ARATⅡは制式名をXM32といい、かわらのように湾曲しています。つける位置、個数は変わりませんが、下向きに35°傾けられて装備し、軽量化のために、非常に薄い構造となっています。また砲塔側面にも片側7枚ずつつけています。
車長の保護	車長用防弾シールド「360°シールド」の装着。360°シールドは装填手用シールドと同様のものですが、その名のとおり、全周を防弾ガラスつきシールドで囲っています。すでに一部の車輌は、TUSK時改修に360°シールドを先行して装着しています。
後方監視カメラの設置	テールランプハウジング内にテレビカメラをつけます。
市街戦残存性向上キットⅢ	
各部の安定化	車長、装填手の機銃・カメラマウントの安定化。
座席の改良	砲塔内座席を操縦手同様、地雷防護タイプに変更。
エアバッグを使った防護システム	エアバッグを使った防護システムは、自動車に装備されているエアバッグと基本的に同じで、ARATの代わりに装備されると推測されます。

M1A2 SEPベースの市街戦残存性向上キット改修車

写真提供：アメリカ陸軍

矢印部分が外部電話の入っている箱。市街戦残存性向上キットII用の車長用防弾シールドである360°シールドが先行して装着されている。360°といっても全周をカバーするわけではなく、各パネルの間は隙間が空いている

M1A1ベースの市街戦残存性向上キットII改修車

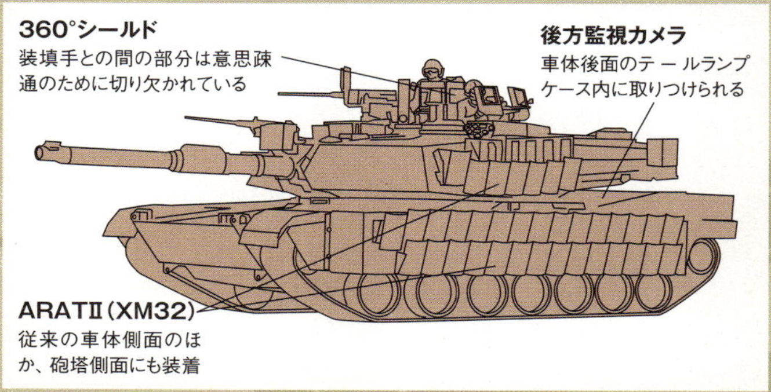
360°シールド
装填手との間の部分は意思疎通のために切り欠かれている
後方監視カメラ
車体後面のテールランプケース内に取りつけられる
ARATII（XM32）
従来の車体側面のほか、砲塔側面にも装着

COLUMN

03
10年前の戦車ランキング

よく「世界最強の戦車は？」と聞かれますが、戦車は個々の国の国情、戦闘ドクトリン（戦闘の教義）によってデザインが決まります。そのため、その戦闘能力もユーザーや運用する環境で大きく変わります。よって一様に評価するのは難しいところです。ここでは、アメリカ陸軍が発行する機関誌『アーマー』（1999年7-8月号）に掲載された記事から、世界の戦車ベスト10を引用してみましょう。開発中止になったロシアのT-80UM2が入っていたり、メルカバがMk.3なのに違和感があるかもしれませんが、10年前の記事なので、その点はご容赦いただきたく思います。

意外なのは、第3.5世代戦車のM1A2やルクレールが、レオパルト2より下位なことと、湾岸戦争で大きく評価を下げたT-72が9位に食い込んでいることでしょう。レオパルト2は、さらに強化した装甲と射撃統制装置が評価された結果で、T-72は設計が古く、残存性に難はあるが、安く、強力な砲はあなどれないとあります。

1位	レオパルト2A6（ドイツ）
2位	M1A2エイブラムス（アメリカ）
3位	90式戦車（日本）
4位	ルクレール（フランス）
5位	チャレンジャー2（イギリス）
6位	T-80UM2チョールヌイオリョール（ロシア）
7位	K1A1（韓国）
8位	T-90（ロシア）
9位	T-72（ロシア）
10位	メルカバMk.3（イスラエル）

第4章

M1エイブラムスの頭脳

戦後第2世代戦車と第3世代戦車の決定的な差が、
高度に自動化された射撃統制装置です。
これにより初弾の命中率は90%以上、交戦距離4,000mでも
命中を期待でき、走行中でも射撃ができるようになりました。
そして第3.5世代戦車は、データを共有できるネットワークの
概念を採り入れて、さらに戦闘効率を引き上げています。

写真提供：アメリカ陸軍

現在、開発が進められているM1エイブラムスの最新型、M1A2 SEP Ver.2

4-01 世界で初めてデータリンクを搭載
—第3.5世代戦車に発展したM1A2

1992年に2回目のメジャーチェンジとなるM1A2が登場します。M1からM1A1へのときのような攻撃力、防御力の大幅な増加はありませんが、搭載するセンサーや乗員/車輌間のインターフェイスの改良で、敵よりも早く発見し、より正確に、より確実に攻撃できるようになっています。M1A2はこれらの改良で、A1より、

- **目標の捕捉時間が45%向上**
- **目標情報の引渡し時間が50〜70%向上**
- **目標の位置情報の誤差が32%減少**
- **目的地への到達精度が96%向上**
- **行軍時間が42%減少**

と、テンポ、精度の点で大きく向上しています。これについては車長用独立熱線映像装置および第2世代赤外線前方監視装置と、自己位置測定/航法装置の果たす役割が大きいので、別項でそれぞれ解説します。

ここまでは戦車単体での交戦能力を向上させるブラッシュアップで、第3世代戦車としての改良でしたが、車輌間情報システムの搭載で、世界で初めてデータリンクを搭載した戦車となりました。これがM1A2を0.5世代進めて第3.5世代戦車たらしめています。車輌間情報システムにより大隊司令部から個々の車輌に至るまで、意思の統一を図れるようになり、リアルタイムで戦況や作戦を把握できるようになりました。車輌間情報システムについても別項にて解説します。そのほか細かい点として、湾岸戦争(1991年)での運用経験からサスペンションの改良や、車長用機銃架の簡素化が行われています。

地味に見えるがM1A1から大きく進化したM1A2

写真提供：アメリカ国防総省

砲塔左に車長用独立熱線映像装置が新設されたのが、M1A1からの外形上の大きな違いだ

4-02 さらに進化したM1A2 SEP
―電子装置とソフトウェアが新しくなった

M1A2をだしたあともジェネラル・ダイナミクス・ランド・システムズ社は、継続電子装置拡張計画の名で、開発・提案を続けてきました。この計画から市街戦残存性向上キット（TUSK）とシステム拡張パッケージ（SEP）が生まれます。市街戦残存性向上キットが都市型ゲリラ戦に対応し、現地デポ（拠点）で改修する応急プランだとすれば、システム拡張パッケージは正規軍装備として正常進化した改良型です。改修内容は多岐にわたりますが、ほとんどが電子装置およびそのソフトウェアの更新です。

M1A1からM1A2 SEPへのおもな改修内容は、

・車長用独立熱線映像装置の装備
・熱線カメラを第2世代赤外線前方監視装置に換装
・フォース21旅団・部隊用戦闘指揮システムの搭載
・乗員全員に液晶ディスプレイを配置
・電子機器冷却のためのエアコンの搭載
・将来の能力向上のために電子装置コア部分を拡張可能にする
・エンジン停止時の電力供給のためにバッテリー6個を追加

となり、改修費用は1台あたり490万ドルです。

さらに2007年2月より、アメリカ陸軍が推進する将来戦闘システムに合わせたシステム拡張パッケージVer.2の開発を進めています。Ver.2の改修内容はシステム拡張パッケージ改修の経験から、さらにブラッシュアップしたものにするとしています。システム拡張パッケージは、すべて既存のM1A1から改修されることになっており、改修時には、同時にエイブラムス統合管理プログラムによって新品同様にし、車体寿命を延ばします。

より発展したM1A2 SEP（Ver.1）

写真提供：アメリカ陸軍

内部はM1A2以上にアップデートされているが、外観からは見分けがつかない。アメリカ陸軍は、2013年までに18個旅団戦闘団すべてのM1A1、1,319輌をM1A2 SEPに改修する予定だ

4-03 砂嵐でも見通せる熱線画像装置
—抜群にいいM1エイブラムスの「眼」

現在、高い精度で砲弾を目標に撃ち込むのはあたり前です。では、なにがM1エイブラムスを最強の存在にしているのでしょうか？　それはすぐれたセンサーによる索敵能力です。現代の戦場は先に見つけたものが勝者となる「First look, first kill（先に見つけて先に倒す）」です。First lookを支えるのが、**砲塔右上にある箱型の砲手用照準器に装備**された**熱線画像装置**です。

見通しのよい昼間の快晴時なら、通常の光学照準器を使いますが、夜間・悪天候時は赤外線を通して見る熱線画像装置を使います。熱線画像装置は2軸方向に対して安定化されており、視界120°、倍率は広角3倍、望遠10倍です。

熱線画像装置は、あらゆる物体から放射される波長8～14 μ mの長波長赤外線を捉えて映像化します。画像は緑色画素の濃淡で表示されます。長波長赤外線は遠赤外線としても知られ、大気中の透過率が高く、可視光線の60％前後に対して長波赤外線は80％あります。探知距離は4,000m、識別距離は夜間、快晴時で1,500mとなっており、霧や砂嵐でも見通せます。

M1A2では、航空機で使われていた赤外線前方監視装置の技術を転用した**第2世代熱線画像装置**を装備しています。赤外線検知装置の感度・解像度が向上し、倍率は3、6、13、25、50倍となって、探知距離は70％、識別距離は30％延びています。識別も容易となり、ロックオンするまでの時間も45％短縮されています。

またM3ブラッドレー偵察装甲車も同様の第2世代熱線画像装置を搭載し、湾岸戦争時に起きていた「斥候からは見えないが、戦車からは見える」というアンバランスな事態も解消されています。

可視光線

写真提供：アメリカ陸軍

可視光線での視界。砂塵でさえぎられて、遠くを見られない

赤外線（10倍）

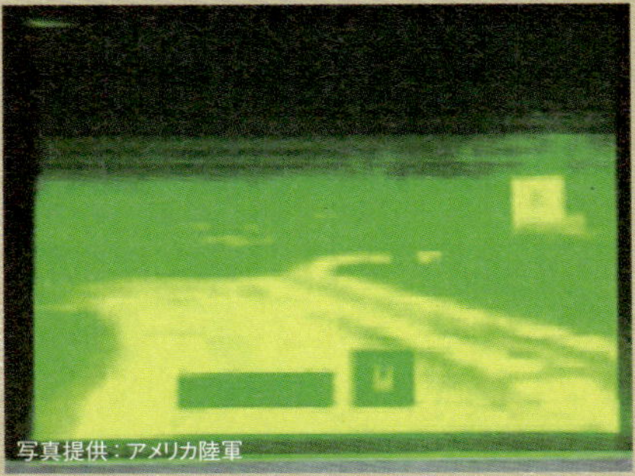

写真提供：アメリカ陸軍

熱線画像装置の望遠10倍で見た同じ景色。路面や建物が見える

赤外線（50倍）

写真提供：アメリカ陸軍

熱線画像装置の望遠50倍で捉えた画像。戦車のシルエットが見てとれる。シルエットはT-72戦車だ

4-04 車長用独立熱線映像装置
—砲手が射撃中でも周りを監視できる

外形上の変化が少ないM1A2でもっとも目立つのが、砲塔左側に増設された円筒形の**車長用独立熱線映像装置**（CITV）です。これまで車長は、砲手用基本照準器の画像をのぞき見ることしかできませんでしたが、これによって車外に体をだすことなく、周囲の状況を把握できるようになりました。

車長用独立熱線映像装置は、砲手用基本照準器と同じ第2世代熱線画像装置を装備し、2軸方向で安定化されています。システム全体の重量は182kg、倍率は2.6倍、7.7倍で、車長用独立熱線映像装置自体が360°旋回でき、上方20°、下方12°に向けられます。映像は車長用統合ディスプレイに表示されます。これにより車長は、砲手が射撃中でも周囲を捜索できます。なお、可視光線のカメラはありません。

車長用独立熱線映像装置は、車長席の右手にあるジョイスティックのような形をした操作悍で扱います。この操作悍は車長用独立熱線映像装置を動かすだけでなく、砲塔の旋回や主砲の発射もできます。もし車長が、砲手が狙っているものより優先順位が高い、もしくは差し迫った脅威を見つけたならば、砲手の操作を越えて、操砲、射撃できるオーバーライド機構を備えています。車長用独立熱線映像装置により、M1エイブラムスの有効火力は、30％増加したとしています。2007年より、DRS社が開発した増設カードと先進長距離捜索監視システムの装備で、車長用独立熱線映像装置の探知距離は6.8kmにまで延びています。当然、砲手用照準器にも、改修キット「ブロック1Bキット」の中に熱線受像ユニットの形で供給され、組み込まれています。

砲塔上に装備された車長用独立熱線映像装置

写真提供：GDLS

装甲化された筐体の中に熱線カメラが納められている

写真提供：アメリカ国防総省

車長用独立熱線映像装置で捉えた画像

4-05 正確で詳細な航法装置
—迅速に自分の位置情報を得られる

湾岸戦争(1991年)では、目印の少ない砂漠での行動に、間に合わせで導入した精度の低い民生用GPSでも非常に役立ちました。以後、車輌間情報システムを使うために必要な位置情報を得るため、A2では自己位置測定/航法装置、さらにA2 SEPでは全地球無線測位システムを加え、簡易デジタル型A1DのCキットでは方位較正装置が、それぞれ航法および航法補助装置として装備されています。ひとつひとつ見てみましょう。

自己位置測定/航法装置(POS/NAV)

基本は、加速度計とジャイロを用いて自己位置と経路を割りだす慣性航法装置と同じです。ただ、「航法」の名がついているとおり、目的地を入力すれば最適なルートを提示してくれます。また自己車輌の位置を僚車や大隊本部に送っているので、各車の車長は車輌間情報システムを通じて、僚車の位置を把握できます。座標は軍用グリッド参照法または緯度経度で表示されます。性能は較正値±0.5°、距離パラメーターにおける位置誤差2%、方位初期化5分です。外部情報に頼らないので妨害に強く、単独でも運用可能なのが強みです。

全地球無線測位システム(GPS)

カーナビでもおなじみの、人工衛星から発信する電波を使った自己位置測定装置です。M1に最初から組み込むのはA2 SEPになってからです。軍用周波数帯を併用し、更新の早いYコードを使います。POS/NAVと組み合わせることで、迅速に高い精度で位置情報を得られます。また後述する車輌間情報システムやフォース21旅団・部隊用戦闘指揮システムに提供、援用される位置データは全地球無線測位システムから提供されるので、根幹を支える装置といえます。

方位較正装置(NFM)

正しくはノース・ファインディング・モジュール(北を見つける部分機器)と呼び、その名のとおり正確に真北を示す機能のみに限定した航法補助装置です。リングレーザージャイロと精密GPS受信機を組み合わせて方位を測ります。精度は誤差2ミル/0.1125°(測量モードで1ミル/0.05625°)、方位初期化に2分(測量モードで10分)かかります。1.8kgと軽量で、価格も19,110ドルと安価です。砲手基本照準器に装備されるレーザー測距儀と組み合わせて、自己位置の測定も可能です。

写真提供：Brian Kerr

オーストラリア軍が保有するM1A1 AIMの砲塔右端に取りつけられたGPSの受信部。アメリカ軍のM1にも一部搭載している車輌が確認されている

4-06 車輌間情報システム
—戦場を俯瞰できるので無駄が減る

古来より指揮官は、戦場をリアルタイムに見渡せる神の眼を欲しました。なぜなら実際の戦場は、目の前で戦闘が行われていながら、その背後の敵の動きや、誇張のない味方の状況を知る術がないからです。このような状況を「戦場の霧」と呼び、この霧を晴らすために、過去さまざまな努力が払われてきました。

車輌間情報システム（IVIS）は、大隊規模のデータリンクを構築し、神の眼とまではいきませんが、鳥の眼くらいの視点を各車の車長に提供します。車輌間情報システムの画面情報は、車長用表示/操作パネル上の無機ELディスプレイに表示され、複数のレイヤーに分けられています。

それぞれのレイヤーが地形図、作戦図、目標情報、味方情報、支援砲撃/航空攻撃ウインドウを表示します。画面の解像度から、車輌間情報システムで把握できるのは小隊規模までです。

車輌間情報システムに必要なデータは、大容量通信のできるデジタル無線機の地上・空中単一チャンネル無線システムVHF無線機で、暗号化されて送られてきます。各小隊の隊長は、大隊本部からの作戦命令をもとに移動方向や段取りを決めます。そして小隊各車に提示し、車長はそれに従って具体的なコースや行動を決め、操縦手、砲手に伝えます。なお、戦闘中は進捗状況や敵目標の出現情報、味方の支援などの新しい情報が、その都度表示され更新されます。

車輌間情報システムで火力が増えるわけではありませんが、短時間に無駄なく機動することで、短時間に集中して火力を投射できるようになり、結果的に火力増大と同じ効果があります。

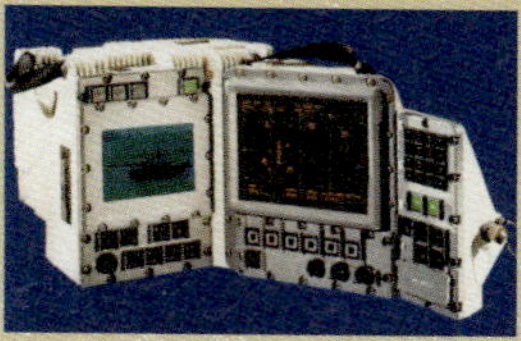

M1A2の車長用表示/操作パネル。真ん中のオレンジ色で表示されているのが車輌間情報システムの画面。左のディスプレイには車長用独立熱線映像装置の画像が表示される
写真提供：GDLS

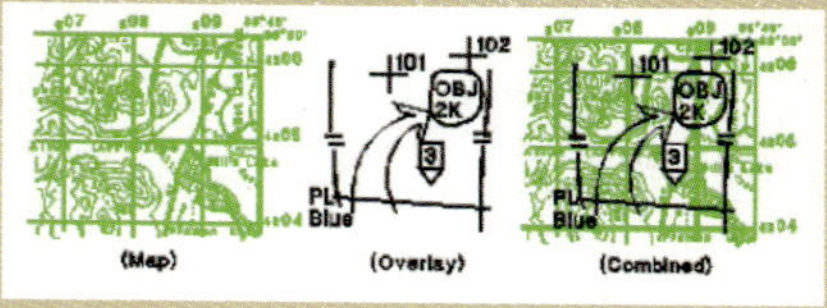

地形の確認やコース設定の際は、地図データの上に作戦図レイヤーがかぶせられて表示される

車輌間情報システムの表示

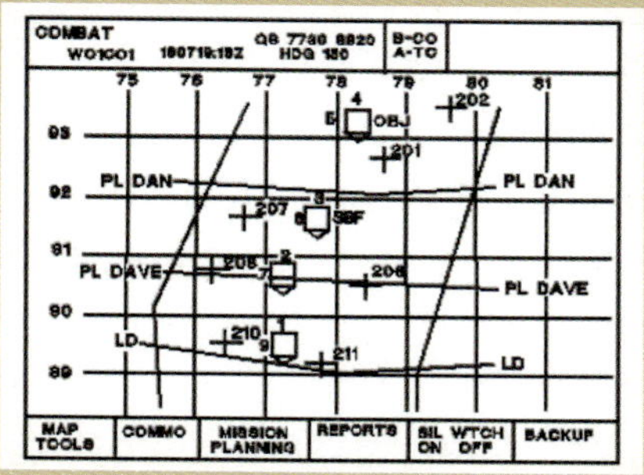

四角形が僚車で、4輌存在する。四角形の下の三角形の頂点が車輌の位置を示している。＋マークはチェックポイントで、数字が小さいほうから大きいほうへと進行している。LDが小隊長、PL DAVEがデイヴ、PL DANがダン。矢印が画面左右を走る線に重なっていれば、コースをきちんとたどっているということ。つまり「PL DAN」は、予定のコースから大きく外れていることがわかる。なおいちばん上の車輌は停車中ということ

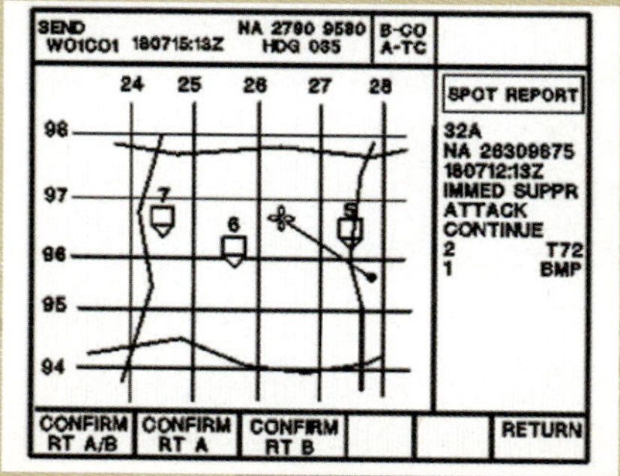

5番車の南東地点に砲撃が加えられていることを示す、スポット・レポートが入ったときの車輌間情報システムの表示。＋記号の地点の説明として、右のウインドウに「T-72戦車・2輌、BMP歩兵戦闘車・1輌の存在あり、即時制圧砲撃を実施中」と表示されている

4-07 フォース21旅団・部隊用戦闘指揮システム
―偵察衛星からデータを利用することも可能

フォース21旅団・部隊用戦闘指揮システム（FBCB2）は、旅団戦闘団本部にサーバーを置き、攻撃ヘリコプターから補給トラックに至るまで、戦場にあるすべてのユニットに端末をつけて、味方の動きを把握します。そして、各々からあがってくる情報を集積、分析して最良の作戦、補給計画を立案、遂行しようとする戦術インターネットです。さらに師団以上のネットワーク・陸軍戦術指揮システムにリンクし、そこから偵察衛星や戦場監視機からのデータを引きだすこともできます。

端末はふつうのパソコンと同じで、全体がオリーブドラブ色です。がんじょうなケースに収納された本体、ファンクションキーつきのディスプレイ、101キーボード、マウスの代わりにタッチペンとなっています。ハードディスクを搭載し、メモリはDRAMで1ギガバイト。オペレーティングシステムは、UNIX系のソラリスからリアルタイムOSのVxワークスへと変遷しましたが、現在は同じくリアルタイムOSのリンクスに落ち着いているようです。ユーザーインターフェイスは、WindowsやMac OSと似た、グラフィカルユーザーインターフェイスを実装しています。ただ、それらと比べると動きが鈍く、操作感覚の評判はいまいちのようです。

画面構成は車輌間情報システムをカラー化、高精細化したようなものです。機能面での違いは、車輌間情報システム以上に広い範囲と精度で情報が送られてくることです。たとえば補給部隊のような脆弱な部隊でも、画面を見るだけで、敵の脅威を避けて通るプランをその場で立てられ、即、旅団本部に決裁を仰ぐことができます。

フォース21旅団・部隊用戦闘指揮システム

写真提供：アメリカ陸軍

ストライカー装甲車内にすえつけられた、フォース21旅団・部隊用戦闘指揮システムを操作する兵士。アメリカ陸軍は戦車、装甲車から、偵察車、補給車輌に至るまでこれを装備して、全軍のネットワーク化を推進する

4-08 戦場ネットワークの功罪
―帯域の不足やシステムのクラッシュなども

前述のフォース21旅団・部隊用戦闘指揮システムは、前線で偵察車が送った敵目標のデータを、数秒後に全部隊のディスプレイに、赤い菱形シンボルとして表示します。「敵がどこにいるか、自分たちがどこにいるか、敵をどうやって破壊するか」を一瞬で決定できるほどの威力をもちますが、いくつかの欠点もあります。

第1に**電波の問題**です。正確な位置をだすGPSは妨害電波に弱く、データをやり取りする地上・空中単一チャンネル無線システムのVHF無線機は、実際のところ4,800bps以下の速度しかだせません。無人偵察機の操縦、データリンクで電波のチャンネルが占有され、帯域が不足するのです。

第2に、端末のシステムが**クラッシュしやすい**ことです。ダウンタイムの存在は命に関わります。また、扱う人間はある程度パソコンを使えなくてはなりません。さらに、車長は通常の車内の指揮、僚車との連絡、周囲の警戒の役割に加えて、フォース21旅団・部隊用戦闘指揮システムのチェックと報告もあり、負担が重くなっています。

第3に、**使用する環境の問題**です。フォース21旅団・部隊用戦闘指揮システムは、平原や砂漠のような目標が点在する戦場ならうまく機能しますが、市街戦では建物に阻まれます。目標確認の重複、もしくは漏れによって、目標の真偽の確認や追跡が困難なうえ、GPS、VHF無線機の電波が途切れがちで、機能しないケースも多いようです。そして、ベトナム戦争でも問題になりましたが、戦場全体をリアルタイムで見渡せるために、本部の指揮官があれこれと現場に口だしししてしまう弊害がでています。

フォース21旅団・部隊用戦闘指揮システムの画面

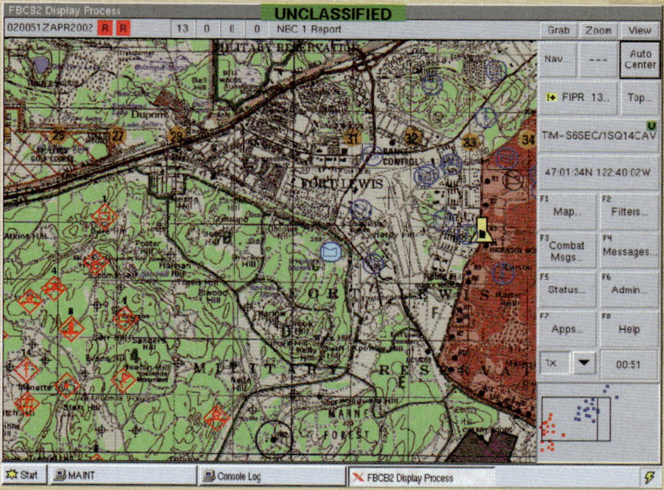

地図上に敵が赤いシンボル、味方が青いシンボルで表示されている。右下には戦場全体の敵味方の分布が示されている

写真提供：アメリカ陸軍

COLUMN 04

即製簡易爆弾から乗員を守る「MRAP」

アメリカ軍は、イラクやアフガニスタンでの占領活動で、トラックやハンヴィーなどの装甲化されていない車輌を狙った即製簡易爆弾による待ち伏せ攻撃を経験しました。この待ち伏せ攻撃で多数の死傷者がでたため、2007年、爆発から乗員を守ることのできる車輌「MRAP（エムラップ）」を、急遽10,000輌調達することになったのです。MRAPは耐地雷待ち伏せ防護（Mine Resistant Ambush Protected）の頭文字をつなげた名称です。

MRAPは、車輌サイズや使用目的により7種類も導入しています。これは正規の手順を踏まずに大量にかき集めているためです。これらのMRAPは、軍の正式な評価や選定作業を経ず、制式名称さえつける間もなく、前線に投入されています。どれも実態は機関銃1挺前後を搭載した装甲トラックで、乗員キャビンの底面を高くとってV字型にし、地雷の爆風を逃す構造です。現在、さらに耐爆性を強化した「MRAP-Ⅱ計画」も進行中です。

耐爆性能を試験中のMRAP。MRAPの導入で、即製簡易爆弾による死傷者は激減した

クーガー HEV
生産国：アメリカ
乗員：2名/輸送人員10名
重量：23.6t
全長：7.08m
全幅：2.74m
全高：2.64m
武装：7.62mm機関銃×1
最大装甲厚：不明
速度：105km/時

第5章

M1エイブラムスの走る・曲がる・止まる

世界でいちばん最初に登場した戦車は、塹壕を乗り越え、
不整地を走り抜けることを目的として開発されました。
そして、現在でも走破能力はたいへん重要です。
戦車ができたころと比べると、第3世代戦車は、走るスピードも、
加速も、異次元のものといえるほど飛躍的に向上しています。
70tの地上の雄を俊敏に動かす秘密を見てみましょう。

写真提供：アメリカ海兵隊

アメリカ海兵隊のM1A1HCが、イラク戦争において作戦行動中のシーン

5-01 車体の構造
—車体の後ろの装甲は意外に薄い

攻守の要が砲塔なら、砲塔を必要な場所に届けるのが車体の役目です。車体は、ハイテク満載の砲塔と比べるとローテクですが、戦場での信頼性、耐久性を追求した結果です。

車体の構造は、右の図のように防弾鋼板でつくられた箱型です。剛性も軽量化も関係なしに分厚い鋼板でつくるので、**フレームなしのモノコック構造**です。この箱の中を隔壁で区切り、動力、乗員、燃料タンクなどの区画をつくります。そして、エンジンを含むパワーパック、履帯、サスペンションを含む足回り、そのほかの補機類を組み込んでいます。

設計や仕様の変更に対応しやすいように、主要なパーツはモジュール構成されています。そのため、エンジンの変更、車体を延長して転輪を増やすといった、一般的な自動車では大がかりに思える変更も、戦車を含む装軌車輛の世界ではあたり前です。

車体内部は通常、前から、操縦手、砲塔乗員、機関部の各コンパートメントに区切られており、車体前面は、砲塔前面の次に強固な装甲が施されますが、被弾確率の低い車体後面は比較的薄くなっています(M1エイブラムスの場合、単一鋼板で25mm)。

イスラエルのメルカバ戦車のようにごく一部の戦車は、前方にエンジンを搭載します。しかし、エンジン点検用のアクセスを設けると装甲を張れない、重量バランスから設計に制約がでてくるといった理由で、一般的ではありません。

なお、M1エイブラムスは、砲塔内にある射撃統制装置用コンピューターが使用不可能になっても戦闘を継続できるよう、同じコンピューターが車体側の砲塔近くに設置されています。

M1エイブラムスの車体構造

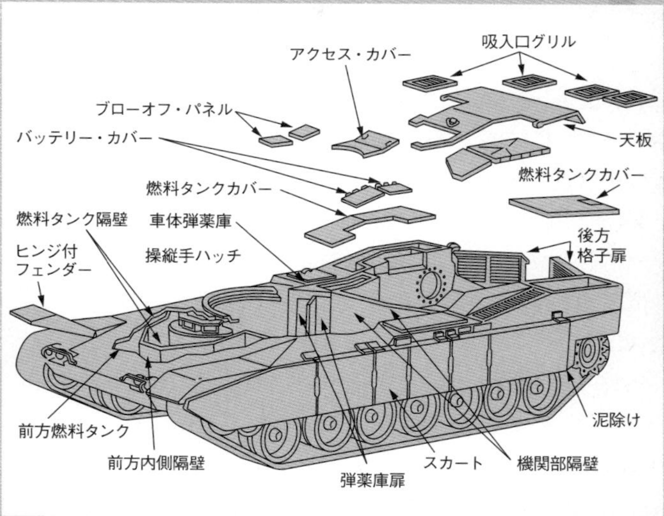

5-02 戦車の走る・曲がる・止まる
—みずから道をつくって進む

戦車は、履帯の上を走ります。みずから履帯を敷いて道を舗装、その上を走り、その道を回収するというプロセスを無限に繰り返しているようなものです。これによって、射撃時の安定性と不整地走破能力を手に入れます。半面、接地面積が増えて摩擦抵抗が増え、道を敷いて回収するプロセスで、燃費が悪くなります。

足回りはいちばん後ろから起動輪、転輪、いちばん前の誘導輪となります。起動輪は外周の歯車のような爪を履帯に引っかけて履帯を駆動します。エンジンが前についている戦車は、起動輪も前につきます。ブレーキは起動輪を通じて履帯全体にかかります。

転輪は履帯の上を走る車輪で、地面にかかる圧力を分散するために、複数個が並びます。転輪は駆動せず、ブレーキもついていません。転輪の上には履帯の送りをスムーズにするための上部転輪がつくことが多いです。誘導輪は履帯の方向を変え、障害物を乗り越える際の基点となり、履帯の張力を調整するグリース・シリンダーがついています。

右に曲がる場合は、右の履帯に少しブレーキをかけ、左右の速度差で曲がります。履帯の片方を完全に止めて曲がるのを信《しん》地《ち》旋回《せんかい》、左右の履帯を互いに逆方向に回して、その場で回るのを超信《ちょうしん》地《ち》旋回《せんかい》といいます。超信地旋回には変速機に高度な技術が必要で、マニュアルならまだしも、オートマチックで超信地旋回するには、現在も技術力が必要です。なお、このような操作は履帯にかかる摩擦負荷が大きく、接地面積が前後に長すぎると横方向の摩擦力に打ち勝てずに信地旋回できなかったり、履帯がゆるい場合は履帯が伸びて、転輪から外れてしまいます。

M1エイブラムスの足周り。転輪は直径635mm、幅145mmの鋳造アルミ製リムにゴムを巻いたものを、2つ組み合わせている

起動輪が、履帯を構成する履板をつないでいるエンドコネクターを歯に引っかけて駆動するのがわかる。自転車やオートバイが、チェーンを歯車で回すのと同じだ

T-72戦車系列は超信地旋回ができるが、操縦はレバー式となっている

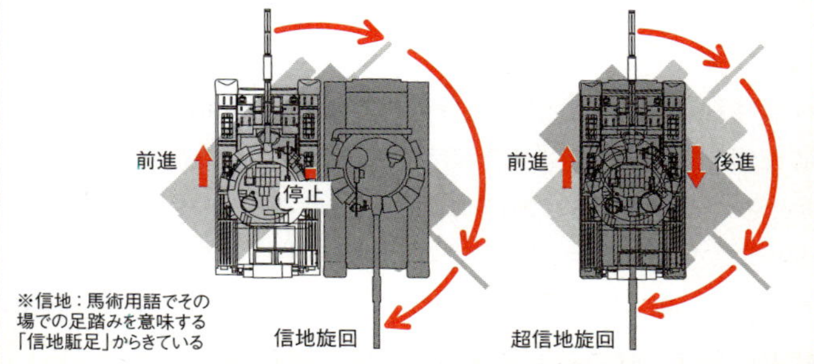

※信地：馬術用語でその場での足踏みを意味する「信地駈足」からきている

5-03 戦車の運転
―ゆれに強くないと搭乗員にはなれない

戦車はやたらに重いクルマを無理矢理動かしているようなものです。そのため、昔の戦車はクラッチのつなぎにデリケートな操作が必要だったり、車重のせいで加速に時間がかかるうえ、上がった速度はなかなか落ちないなど、運転に熟練が必要でした。

しかし、レオパルト2をはじめとする第3世代戦車は、ふつうのクルマのようなステアリングハンドルか、バイクのようなTバーハンドルで、変速機はオートマチックです。パワーは1tあたり25馬力前後で加速はスムース、ブレーキはへたにかけると砲塔内の乗員が体を打ちつけてしまうほどよく利きます。ふつうの乗用車と違うのは車幅感覚くらいで、誰でも運転できます。ただ「運転は誰でも」であって、道のない不整地を50～60km/時でカッ飛ばすため、 身体を4点式シートベルトで固定しなければ大変です。

操縦手に要求されるスキルは、**ゆれに強いことだけではありません**。戦車の大まかな進路は車長が指示しますが、車長の意図する戦術、僚車の援護、目の前の地形などからコースを組み立て、敵に見つからず、敵に対して優位な位置につけられるよう、そして戦車を行動不能にしないように運転することが求められます。

また操縦手は、乗る戦車のエンジン、履帯など、車体のすべてに管理責任があります。M1エイブラムスの場合、整備に稼働時間と同じだけのマンアワー（1人が1時間あたりに行う仕事量）をかける必要がありますし、アメリカ軍は、100台の戦車が160km走行すると10台の故障車がでると試算しています。ですから、ふだんは駐車場兼整備場に入りびたりで、実戦にでれば、野外での整備、点検に追われることになります。

写真提供：ガリレオ出版

バウンドするほどに飛ばすM1エイブラムス。第3世代戦車はハイパワーと扱いやすいハンドリングにより、ドリフト走行ができるほどの操縦性能をもつ

写真提供：アメリカ国防総省

武装勢力を追っているうちに、地面が重量に耐え切れず崩壊し、用水路に滑落したM1A1

5-04 操縦席の仕組み
—操縦手は寝そべるように搭乗する

M1エイブラムスの操縦席は車体前部の中央、主砲の真下にあります。乗り込むには、砲塔を真横に回して操縦手ハッチから入るか、砲塔を真後ろからやや右（5時方向）に回して、装填手ハッチから砲塔内に入り、砲塔バスケットの空きから入ります。座席は車体を低くするために、**寝そべるような姿勢**のリクライニングシートです。ハンドルはバイクのようなTバーで、操縦姿勢に合わせて25°の範囲で動きます。左右どちらでもハンドルのノブをひねるとアクセル（スロットル）開で、60°回すと全開です。

ハンドルの真ん中には、電気系統をチェックするための警告灯とリセットスイッチが並び、その下には電気式の変速ノブがあります。シフトは右からロー→ドライブ→ニュートラル→リバースとなっています。ニュートラルの位置でステアを切ると、前述の超信地旋回をします。

シフトの両脇には黒いプッシュ式ボタンが配され、車内通話のためのインカムスイッチとなっています。足元の真ん中にはブレーキペダル、その右には駐車ブレーキのペダル。右サイドには駐車ブレーキの解除レバー、左サイドには自動消火装置の手動レバー2本が配されています。速度計、タコメーター、温度計などは左側の計器板に、始動スイッチ、燃料の移送などの制御スイッチは右の制御板に集められています。

操縦手は寝そべるような姿勢で運転しますが、作戦中の睡眠時は、ほかの乗員が車体後部のデッキ上か戦車の脇で寝袋に入って眠る代わりに、車内のリクライニングシートで眠れます。ただし、**脱出時は砲塔を横か後に向けてもらわないとでられません。**

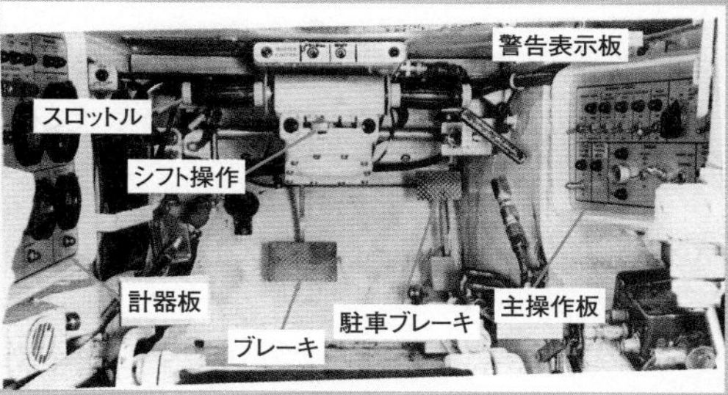

M1の操縦席。M1A2では左手の計器板が、操縦手用統合ディスプレイ(DIP)に置き換えられている
写真提供：GDLS

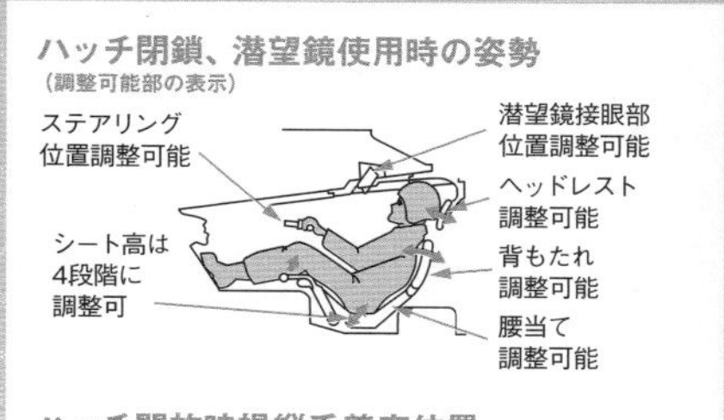

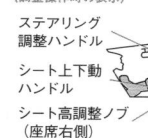

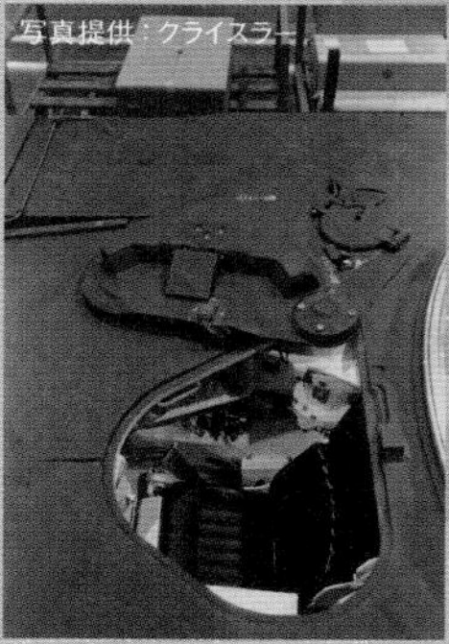

操縦手用ハッチ。三角形のハッチの右角を支点に回転して、スライドする。ハッチには3基のペリスコープがつき、左右120°、上下7°の視界を提供する

5-05 履帯の仕組み
—M1はシングルピン・ダブルブロック方式

履帯は、鋼鉄でできた履板とピンを主要部品として複数枚連結し、1つの輪をつくります。履帯は履板の結合方式や構造によって特徴があります。

ピン……履帯をつなぐピンが、1本のピンで履帯の左右を横断して貫くか、2本のピンで左右から差し込むかの違いです。前者はシングルピンといい、構造が単純で、そのぶん、安く、整備が楽になります。しかし、履帯の柔軟性がないので、地面の凹凸に対応する地形追従性に劣ります。後者はダブルピンといい、特徴はシングルピンの逆となります。

ブロック……履板同士、互いにかみ合うように開いた穴に、ピンを通してつなぐのがシングルブロックです。安く単純ですが、柔軟性に劣ります。履板同士をほかの部品でつなぐのがダブルブロックです。特性はシングルブロックの逆となります。

M1エイブラムスは、1本のピンで履帯の左右を貫き、エンドコネクターを接合具として履板をつなぐ、シングルピン・ダブルブロック方式となります。

鋼鉄製の履帯の問題は、そのままアスファルト舗装の上を走ると、路面を削ってしまうことです。不整地や演習場だけで活動するなら問題はありませんが、演習場周辺も都市化が進んでいます。そこで戦車の多くは、路面を傷つけないよう、履帯に**ゴムパッド**をつけています。また凍った氷雪面、いわゆるアイスバーンは履帯でも苦手な路面条件です。このような場合、履板に**グローサー**と呼ばれるスパイクを取りつけて、履帯を凍った路面に食いつかせます。

M1エイブラムスが使用するT158履板の構造

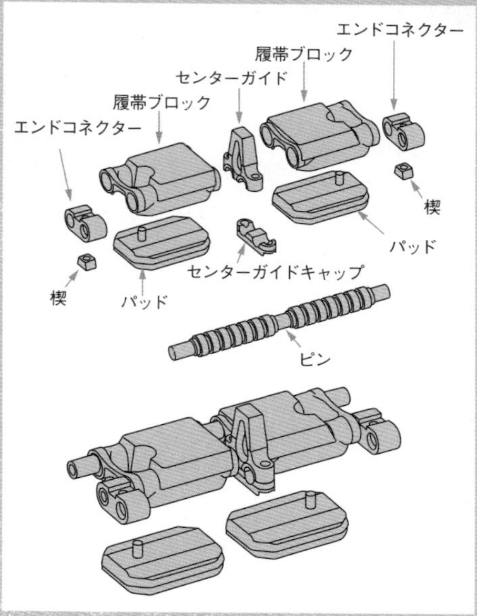

エンドコネクターを介して履板同士を結合するダブルブロック構造だ。ピン1本を通して各部品を結合するシングルピン方式となっている

写真提供：アメリカ海兵隊

幅635mm、長さ194mmの履板を78個つなぎ、長さ15.1mの履帯にする

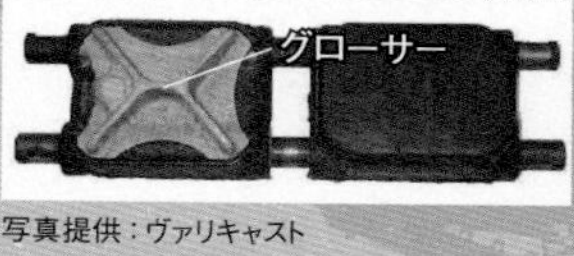

写真提供：ヴァリキャスト

左がM1エイブラムスのT158履板に、グローサー（アメリカ軍ではアイス･クリートという）をつけた状態。ゴムパッドの代わりに取りつけ、M1の場合、片側の履帯にこれを32個取りつける

5-06 サスペンションの仕組み❶
—精密射撃ができなければならない

戦車のサスペンションは、大重量を支えながら、不整地走行をこなせるほどやわらかく、なおかつ精密射撃が可能な安定性が求められます。昔の戦車は自動車同様の渦巻きバネ（コイルスプリング）や板バネ（リーフスプリング）を用いていました。しかし、渦巻きバネは加工に手間がかかり、良質のバネ鋼を生産できないと実用に耐えられません。大重量を支えるにも不向きです。板バネは大重量に耐え、材料の制限もゆるく、構造も単純ですが、衝撃吸収の面で渦巻きバネに劣ります。

そのため、第3世代戦車のサスペンションとしていまだに使われているのは、本質的に車体設計の古い、イスラエルのメルカバの渦巻きバネくらいです。

最新のサスペンションは、自動車のエアサスペンションによく似た**油気圧サスペンション**です。自動車のエアサスペンションは、衝撃吸収と伸縮長の制御の両方に気体を使いますが、油気圧サスペンションは、衝撃をピストン内の気体（たいてい窒素）で吸収し、伸縮長は油圧シリンダーの片方を高圧オイルポンプに接続して、中の油圧を調整して制御しています。この伸縮長の制御で、車高や姿勢を制御します。しかし、高圧オイルポンプ周辺には1/1000mm単位の工作精度が要求され、製造コストが上がります。

第3世代戦車は、**不整地での乗り心地、安定性を重視**しています。そのためフランスのルクレール、イギリスのチャレンジャー1/2は油気圧サスペンションを採用しており、日本の90式戦車/TK-X（新型戦車）と韓国のXK2は、積極的に姿勢制御までしています。これは山がちな地形を利用した砲撃のためです。

ライメタルボルジッヒ社が1926～29年に開発した戦車・重トラクターⅡの転輪とサスペンション。2個1組の転輪をリーフスプリングの両端でつり、そのスプリングをアームを介して、車体に取りつける仕組みだ

MBT-70に先立って試作されたT95戦車。油気圧サスペンションで、車高、姿勢を変えることができる

写真提供：アメリカ陸軍

5-07 サスペンションの仕組み②
—M1エイブラムスはトーションバー方式

現在、戦車の主流サスペンションは、**トーションバー方式**です。戦車では、ランツヴェルク社が1934年に開発したL60軽戦車で初めて実用化されました。同社は、ベルサイユ条約で戦車開発を禁止されていたドイツが、スウェーデンに興したドイツ資本の企業です。トーションバー方式は非常に単純な構造ですが、従来のバネ式サスペンションよりすぐれていました。のちに登場した油気圧サスペンションに対しても、コスト、信頼性ですぐれ、戦後戦車の主流です。トーションバー方式は、第3世代戦車ではドイツのレオパルト2、アメリカのM1エイブラムスが採用しています。

トーションバーは**ねじり棒**ともいいます。たとえばクランク型に曲げたピアノ線は、ねじってももとに戻ります。このように金属のねじり弾性を利用して衝撃を吸収します。なお、トーションバーを採用した戦車は、転輪配置が左右非対称です。トーションバーが車体側面の穴を通して、左右に横断して取りつけられ、もう一方は車体内壁に固定されるからです。左右の転輪は、トーションバーの取りつけ穴のぶんだけ、前後がずれています。

M1エイブラムスは、車内に左右7個ずつある転輪のぶん、14本のトーションバーが車体底部を貫いています。このサスペンションの上下伸縮幅は381mmあり、前任のM60パットン戦車の182mmと比べると、非常に柔軟なサスペンションで、良好な地形追従性があることを示します。さらにエイブラムスは、前2個といちばん後ろの転輪にロータリー式の油圧ダンパーを併設して、さらにその能力を上げています。これらによって乗り心地は、乗員から「**戦車のキャデラック**」といわれるほどです。

トーションバーの仕組み

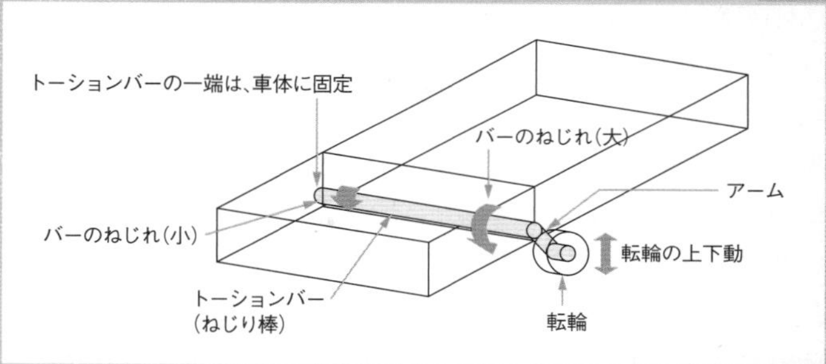

転輪の上下動を、アームを介してトーションバーのねじれに変換する。バーのねじれ弾性によって、サスペンションの荷重吸収機能を担う。バーの材質が一定の場合、バーが長いほど、転輪の伸縮長が稼げるので、戦車の場合、車体幅一杯の長さのトーションバーを取りつける

砲塔リングからM1車体底部をのぞいた写真。車体の左右方向に2本ずつトーションバーが収まったチューブが走る。写真右上が車輌前方となる
写真提供：GDLS

5-08 パワーパック
—機関部だけを簡単に取り替えられる

戦車のなかでもっとも壊れやすく、整備が必要な部分は、エンジンと変速機です。第二次世界大戦中、ドイツ軍が戦闘による破壊以外で戦車を放棄した大きな原因は、燃料の欠乏と、変速機もしくはエンジンが故障してまともに動けなくなり、しかも修理が間に合わないことでした。

戦後、自動車技術が発達し、エンジンと駆動輪をすぐ近くに置く前方エンジン前輪駆動（FF）方式が実用レベルに達しました。その結果、エンジンから長いシャフトを介して起動輪を駆動していた戦車の機関・駆動系も、エンジンと起動輪を近くに配して一体化した「**パワーパック**」が生まれます。

パワーパックは、エンジン、変速機とそれらに付随する補機類をひとまとめにしたものです。機関室の箱型スペースに納まるよう、すべてを直方体スペースの中に突出部なく押し込んでいます。

この方式だと、パワーパックの固定部と起動輪と駆動軸の接続を外せば、クレーンなどで機関部を丸ごと簡単に外せます。たとえば、機関部の故障が野外整備で手に負えないとき、故障した機関部を外してデポ（拠点）に送り、整備ずみのパワーパックと**交換**してしまえば、実質的な稼働率が上がります。動かない戦車をトレーラーで後送する手間も省けるので、兵站の負荷も減るというわけです。

また、パワーパック方式によって、機関室のサイズさえ合えば、たいした改造もなく旧式戦車のエンジンを軽量高出力な新型に交換できるようになりました。兵器ビジネスにおける旧式戦車の改修メニューの大きな目玉の1つとなっています。

写真提供：アメリカ海兵隊

一体化しているエンジンと変速機は、丸ごと取り外せる。そのため、迅速な交換と戦線復帰が可能だ

MTU社のMT883 Ka-500エンジン（V12、排気量27.3ℓ）と、レンク社の自動変速機HSWL295TMを組み合わせた、ユーロパワーパック。2,100×2,060×1,183mm、重量5,460kgと、従来より1mも短いサイズながら、1,500馬力を発生する。ルクレール戦車の輸出型トロピック・ルクレールに搭載されている

写真提供：MTU

5-09 ガスタービンエンジン「AGT-1500C」

—燃費は悪いが小型でハイパワー

M1エイブラムスは戦車としてはめずらしく、ガスタービンエンジンを採用しています。ガスタービンエンジンを選んだ理由は、ディーゼルエンジンよりも小型軽量であること、部品点数が少なく製造・整備コストを抑えられること、ヘリコプターと燃料を共用できることでした。ベースのエンジンは、ベトナム戦争で大量に投入された汎用ヘリコプター、ベルUH-1イロコイが搭載するテキストロン・ライカミング社製のT56ターボシャフトエンジンです。ターボシャフトエンジンは、燃焼で得たエネルギーをすべて出力シャフトの回転に変換する方式です。

M1エイブラムスのAGT-1500Cは、圧縮機、燃焼室、タービンといったコア部分の構造はそのままに、地上で使用するための防塵フィルターと、出力タービンの22,500rpmから車輛用の出力として使える300～3,000rpmにまで回転数を落とせる減速ギアを取りつけています。

M1エイブラムスは、ガスタービンエンジンで、鋭い加速を得ました。約70tの車体を**停止状態から32km/時まで加速するのにわずか6.2秒です**。路上での最高速度は67.2km/時（M1A2）となっていますが、変速機と履帯が壊れることをいとわなければ、112.6km/時までだせます。しかし**燃費は悪く、乾燥した一般道を40.2km/時で走行した場合、243m/ℓ**です。ドイツのレオパルト2の路上走行での燃費は458m/ℓなので、燃費の悪さが際立ちます。そのため、M1エイブラムスは、ほかの第3世代戦車と比べて約5割増の1,912.5ℓの燃料を搭載しますが、970ℓが車体前面の操縦手席両側に搭載されており、被弾時は危険です。

M1エイブラムスのガスタービンエンジン「AGT-1500C」

写真提供：テキストロン・ライカミング

排気音は高周波成分が多いため減衰が早く、ディーゼルエンジンに比べて静かだ

種類：3スプール、フリーシャフト型ターボシャフト（復熱装置つき）
空気取り入れ口：防塵フィルター付ベルマウス
圧縮機：2スプール、5段軸流低圧圧縮機、4段軸流高圧圧縮機、1段遠心高圧圧縮機
タービン：3スプール、1段軸流高圧タービン、1段軸流低圧タービン、2段自由出力タービン（可変タービンノズルつき）

排気：上方渦流排気、復熱装置つき単排気管
出力：1,500軸馬力/3,000rpm/22500rpm（出力タービン）
最大トルク：546.1kfm（5355.5Nm）/1,000rpm
自重：1,111.3kg
出力重量比：61：1
圧縮比：16：1
燃料消費率：204g/軸馬力/時間

AGT-1500Cの断面

写真提供：テキストロン・ライカミング

5-10 オートマチック変速機「X1100-3B」
—ブレーキ込みで超信地旋回も可能

オートマチック変速機は、エンジンからの出力を、ギア比に応じて起動輪に伝達する部分です。意外かもしれませんが、戦車の走りを左右する部分でもあります。戦車は、登場時から以下の2つのアキレス腱がありました。

1つは、変速機の故障です。エンジン出力を吸収できるだけの強度と、大重量を駆動する際の反作用に耐えられる強度をもつ変速機は、製造が困難です。特に前者はいまだ解決しておらず、M1エイブラムスの場合、1,500馬力を発生するエンジンを搭載していますが、変速機を介して起動輪に伝達できる出力は約1,000馬力程度です。

もう1つは、変速機の限界による戦術機動の制限です。たとえば、超信地旋回するには、変速機がなめらかに左右の差動を出力しなくてはいけません。しかし、それには高度な技術と確かな強度が必要です。第二次世界大戦中、超信地旋回できる変速機を生産していたのは、ドイツとイギリスだけです。アメリカが実用化したのは戦後になってからです。

M1エイブラムスが搭載するデトロイト・ディーゼル・アリソン社製のX1100-3Bは、**前進4段、後進2段のオートマチック変速機で、超信地旋回ができます**。X110-1C流体コンバーターと多重ディスクブレーキ、エンジンオイルや変速機オイルを冷却するために50馬力の油圧駆動冷却ファンを内蔵します。なお各ギアの変速比は、前進/1速:5.877、2速:3.021、3速:1.891、4速:1.278、後進/1速:8.305、2速:2.354、最終減速器のギア比が4.67となっています。

オートマチック変速機「X1100-3B」

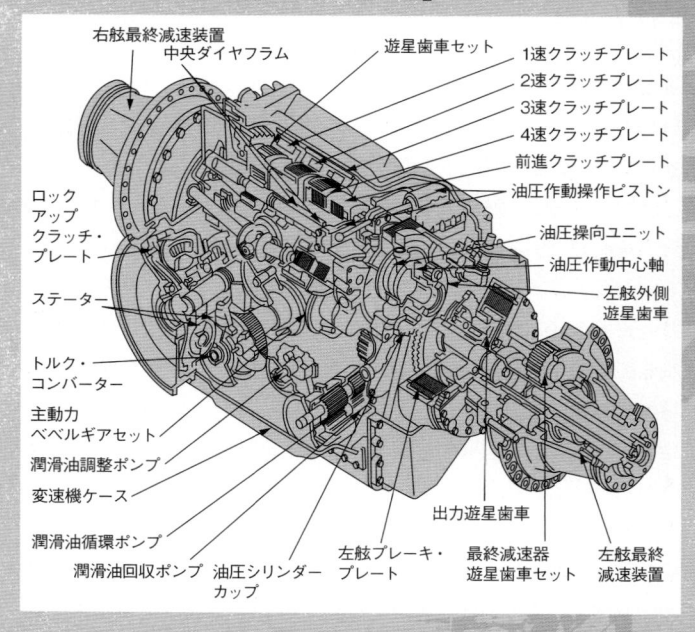

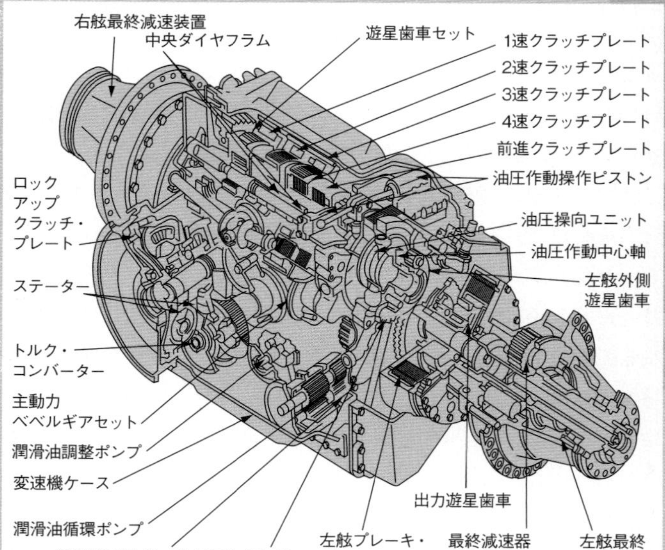

5-11 補給・整備
―M1は大食らいで整備も欠かせない

湾岸戦争（1991年）の際、イラクに侵攻したアメリカ陸軍第7軍団は、人員146,000名、戦車1,639輌の規模となり、4日間の地上戦で同軍団は、燃料32,933kℓと弾薬9,000tを消費しました。同軍団の人員の半数は、この物資を前線まで届けるための補給部隊でしたが、それでも同軍団第1機甲師団が地上戦の最中に、あと2時間で燃料切れになるという事態が発生します。「fuel hog（燃料の大食い）」ともいわれるM1エイブラムスは、**絶大な兵站能力をもつアメリカ軍であっても大きな負担**なのです。

戦闘中の整備（野戦整備）では、周辺を警備しながら、燃料・弾薬の補給のほか、砲身内の清掃、照準装置の較正などを行います。乗員はそれぞれの持ち場に応じた整備をしながら、履帯の張り替えやエンジン整備など、人手のかかるものを手伝います。野戦整備での燃料補給は手回しポンプのことが多く、基本的な燃料補給だけでもマンパワーを取られます。そこで、M1エイブラムスは、野戦整備であっても稼働率が低下しないように、履帯は3,380km、パワーパックは故障間隔700時間と、コンポーネントごとに耐久寿命が設定されています。

今後の改修では、現在の技術でつくられたコンポーネントに置き換えます。たとえば、履帯は4,828kmまで耐久保証を延長した履板へ、エンジンは30％の燃費向上と43％の部品点数減少で故障間隔を倍の1,400時間に延ばしたACCE/LV100-5になります。さらに整備時間を短縮する自己診断装置の搭載も含まれます。そしてPOSシステムと同じ機能をもつフォース21旅団・部隊用戦闘指揮システムが、前線からの補給品の注文・流通を助けます。

写真提供：オシュコシュ

M978給油車から給油を受けるM1エイブラムス。アメリカ軍では燃料にヘリと共用するJP-8（灯油が主成分）を使い、M1A1 AIMを導入したオーストラリア軍は、兵站と価格の面から軽油を使っている

写真提供：アメリカ陸軍

砲口照準較正器を使って照準のアライメントを取る砲手

5-12 戦略機動
—長距離移動には重装備運搬車を利用

戦車の機動力は非常にすぐれていますが、燃費が悪いため機動力を発揮できる時間は短く、必要な燃料もばくだいです。とりわけ長距離移動時は非効率的となります。そのため、戦車の集積所から前線近くまでの移動には**重装備運搬車**を使って、移動中の消耗を減らします。アメリカ陸軍はM1戦車のために、63.5トンの積載能力をもつM1070牽引車/M1000セミトレーラーを1,667輌導入し、各師団に重トラック小隊(24輌)配備しています。それでも輸送力が足りなければ軍団に支援をあおぎ、軍団支援団の96輌を使用します。さらに海を渡るとなると、**大型輸送機か船舶**が必要になります。

アメリカ軍の場合、戦車100輌を含む車輌1,000輌を搭載し、最大速力27ノットをだせる高速海上輸送艦などを含む海軍籍の貨物船などを使って、33,000輌(うち戦車2,200輌)の輸送能力を実現しています。ただし展開には、30日以内なら2個重師団、75日以内なら3.5個師団(支援部隊込み)と時間がかかります。この展開時間を短くするため、アメリカ軍はあらかじめ車輌や火砲を搭載した貨物船(洋上事前集積船)からなる海上事前集積船隊を3隊編成し、常時、紛争地域近くに派遣できるようにしています。

この船隊は、1個海兵遠征旅団(兵力17,300名)が30日間作戦するのに必要なもの(M1A1戦車・30～58輌、155mm榴弾砲・30門、装甲兵員輸送車・109輌、装甲型HMMWV・129輌など)を搭載し、出動命令が下ってから10日で、1個海兵遠征旅団が紛争地に展開できます。輸送機は高速ですが、一度に1、2輌しか運べないので、空輸による大規模展開は現実的ではありません。

写真提供：オシュコシュ

装軌式車輌は、データ上、300km走行すると1回故障する。そのため、作戦開始地点近くまでは重装備運搬車（HET）で移動し、なるべく故障しないようにする

写真提供：マクドネル・ダグラス

C-17輸送機に搭載されたM1A1。C-17の搭載力は77トンで、M1戦車は1輌のみ搭載できる

写真提供：アメリカ海軍

リフォージャー86演習において、高速海上輸送艦「アンタレス」（写真奥）から下ろされるM60戦車

COLUMN 05
潜水渡渉

水陸両用構造となっていない装甲車輌が、橋やはしけを使わずに河川を渡るには、２つの方法があります。１つは**浮航スクリーンを張って、水上を移動する方法**です。もう１つは**そのまま潜って川底を進む方法**です。

前者は比較的軽量の装甲車や軽戦車が使う渡河方法です。浮航スクリーンは防水キャンバスでできていて、車体の外周を上方に伸ばすように張り、極端に吃水線下の深い**ボート**にして、水面に浮かべるわけです。非常に手間がかかるうえに、流れのゆるい静かな水面でないと使えないので、最近は一般的ではありません。

後者は、吸気口と排気口を水面上に延長する**シュノーケル**を取りつけて、忍者の「水団の術」のごとく、川底を進みます。M1エイブラムスの場合、吸気口のある車体後部に水がかからなければ（水深1.22mまで）、なんの準備もなく渡渉でき、水面上に吸気管を延長するキット（シュノーケル）を取りつけた場合は、水深2.29mまで渡れます。しかし、日本の河川のようにコンクリートで固められた護岸の場合は揚がることができないので、まったく歯が立ちません。

スウェーデンのStrv.103（通称Sタンク）が、浮航スクリーンを張った状態

写真提供：アメリカ海兵隊

海兵隊仕様HC（26ページ参照）は、揚陸作戦向けにシュノーケル、主砲口栓を取りつけて、潜水渡渉できる

第6章

戦車の歴史とM1エイブラムスの好敵手

戦車は、それぞれの国の地勢、戦闘の考え方、
そして仮想敵に応じて開発されてきました。
M1エイブラムスもヨーロッパの平原で、怒涛のごとく攻めてくる
ソ連のT-72戦車と対決するために生まれたのです。
ここでは、戦車の歴史とともに、M1エイブラムスと
世界の第3世代戦車を紹介します。

写真提供：アメリカ国防総省

イラク戦争において作戦行動中のイギリス軍「チャレンジャー2」。チャレンジャー1から156カ所の改良がなされている

6-01 戦車の歴史❶
—戦後第1世代

第一次世界大戦で華々しく登場した戦車でしたが、第二次世界大戦半ばまでは、その運用法を巡って試行錯誤が繰り返されました。結局、集団運用することになり、戦車を阻止できるのは戦車となりました。第二次世界大戦後、第1世代はその延長線上での開発となりました。ここでスタートラインに立ったのは、第二次世界大戦で活躍したソ連の**T-34**戦車です。主砲を85mm砲に換装しても走攻守のバランスは崩れず、その能力と衛星国にばらまかれた数は、西側の脅威になりました。

このT-34を難なく撃破できたのは、88mm砲を装備したドイツ軍のティーガーI重戦車であり、アメリカ、イギリスは大戦中にティーガーキラーとして開発した**M46/47/48パットン**とセンチュリオンを第1世代戦車として送りだしました。これらはエンジン出力を上げて機動力が向上していますが、実質はティーガーIの重装甲、高初速大口径砲コンセプトを焼き直したにすぎず、第二次世界大戦での50トンを超える重戦車を、中戦車に再カテゴライズしたものです。

西側陣営にT-34キラーが行き渡ったころ、ソ連側はそれらを上回る戦車として、車高が低く、浅く当たった砲弾を弾く避弾経始（86ページ参照）の良好な**卵型の鋳造砲塔**に100mm砲を搭載する、**T-55**戦車を開発・投入しました。T-55戦車は最終的に、10万輌を超える生産となり、質の向上を図る西側に対し、量で対抗したのです。これらを通じて第1世代戦車は、口径90～100mmの戦車砲、100～200mmの装甲厚、避弾経始を採用した曲面的デザインの鋳造砲塔が標準となりました。

M48A3パットン

写真提供 : 安藤英彌

アメリカの第1世代戦車M48パットン。第二次世界大戦に登場したT26パーシングから発展した。90mm砲を装備し、M47パットンとともに西側陣営に多数供与された

T-55

写真提供 : 安藤英彌

ソ連の第1世代戦車。当時西側が装備していた90mm砲を上回る100mm砲を装備し、10万輌近くが生産された。世界の紛争地帯にかならずといっていいほど顔をだした戦車である

6-02 戦車の歴史❷ —戦後第2世代

1960年代後半から、歩兵や装甲車、ヘリコプターから撃て、高い装甲貫徹力をもつ対戦車ミサイルが実用化され、戦車の防御力は圧倒的に不利となりました。特に1973年の第4次中東戦争では、イスラエル軍機甲部隊がエジプト軍歩兵部隊の対戦車ミサイルで、わずか3日間に265輌の戦車を失い壊滅した事実は「**戦車不要論**」まで飛びだし、第2世代の戦車開発は迷走します。すでに50t超の第1世代戦車M48パットン/センチュリオンをもっていたアメリカとイギリスは、コンセプトをそのままに射撃統制装置と大口径主砲を搭載して、威力を引き上げたM60パットン/チーフテンを投入して対応しました。

一方で、国力が回復して新規開発に乗りだしたドイツ、フランス、日本は、主砲が105mmライフル砲ではあるものの、対戦車ミサイルは機動力で被弾を回避するとして本質的な防御をあきらめました。そして、車重は40t前後、砲塔は避弾経始を取り入れているものの、最大装甲厚は70mm前後まで薄くした戦車を登場させたのです(当時の対戦車ミサイルは有線誘導で、射手が肉眼で操作するために弾速が遅く設定されていました)。

対するソ連は、重量増を抑えて第1世代の能力を拡大する手法を取り、装弾筒付翼安定徹甲弾(APFSDS)や、対戦車榴弾(HEAT)運用を前提とした115～125mm滑腔砲に200mm以上の装甲、もしくは従来の鋼板にチタン、セラミックなどを組み合わせて、それ以上の防御力を発揮する複合装甲を導入しました。のちに西側第3世代戦車が、滑腔砲と複合装甲を導入したことから、アプローチとしてはソ連が正しかったのです。

レオパルト1A5

写真提供：KMW

西ドイツが開発した第2世代戦車。105mm砲を搭載するが、対戦車ミサイル全盛のころで、最大装甲厚は70mmまで減らしている。ミサイルは最大65km/時の機動力でかわすとしていた

T-72

写真提供：安藤英彌

複合装甲、装弾筒付翼安定徹甲弾を撃ちだす125mm滑腔砲をもつ。もっとも第3世代に近かったソ連製戦車

6-03 戦車の歴史③
—戦後第3世代

ソ連のT-64戦車を皮切りに、従来の鋼鉄にほかの素材を封入した複合装甲の装着が進み、戦車の防御力は対戦車ミサイルを上回るようになりました。そして西側も複合装甲の存在を知ると、第2世代戦車から設計を一変させます。

まず砲弾が変わりました。装弾筒付翼安定徹甲弾（APFSDS）の登場です。これはソ連のT-62戦車が初めて装備しました。この砲弾は、砲口から撃ちだされた直後に覆い（装弾筒）が外れて、砲口径よりはるかに細い弾芯が超高速で飛翔するものです。弾芯に劣化ウランやタングステンのような比重の高い素材を使い、回転を与えないほうが装甲貫徹力が増すため、直進性を保つためのダーツのような羽根がついています。

これに合わせて砲周りの設計も変化しました。主砲は砲弾に回転を与えないようライフリングの切られていない滑腔砲身となり、装弾筒が引っかからないよう砲身先端の砲口制退器はありません。砲弾を弾くことを目的としていた砲塔のなめらかな形状も、秒速1,200m以上で弾芯が衝突する領域では意味がなくなったので、平面で構成された砲塔になりました。

機動力は第2世代以上に重視され、50t以上の車体を70km/時以上に加速するため、1,500馬力前後のエンジンを備えます。走行性能もドリフト走行をこなすまでに高められています。

しかし、ヴェトロニクスとも呼ばれる環境センサー、弾道計算装置、砲安定化装置などからなる**射撃管制装置の存在が、第3世代戦車の決定的要素**でしょう。これにより驚異的な命中率を実現し、第2世代とは隔絶した能力差が生まれました。

レオパルト2

写真提供：KMW

西側最初の第3世代戦車で、現在の基準をつくった戦車。すぐれた射撃統制装置に裏づけられた120mm砲と、対戦車ミサイルを上回る防御力で、戦車が陸の王者に返り咲いた

チャレンジャー

写真提供：アメリカ国防総省

西側で複合装甲を初めて採用した戦車。チョバム装甲と呼ばれ、湾岸戦争ではM1A1エイブラムスとともに、一方的にイラク軍戦車を撃破した

6-04 戦車の歴史④
—戦後第3.5世代

1990年代にも出現するといわれた戦後第4世代戦車は、冷戦の終結により開発が停滞します。予想された第4世代の条件は、**120mm砲を上回る破壊力をもつ主砲、脅威度に合わせて換装できる装甲、ネットワークによる戦場情報管理**とされていました。

しかし、現在の第3世代でも装甲・装備の追加で70tに迫る車重なのに、140mmと想定される次期戦車砲に合わせた防御力とそれにともなう重量増は、戦車を陸戦で運用できる限界を超える可能性がありました。冷戦崩壊後に増えた対ゲリラ戦や市街戦においては、身動きの取れない巨象に映ったのです。ましてやその先にある、高電圧流で砲弾を焼き切る電磁装甲や、電磁誘導により砲弾を撃ちだすレールガンは、戦車の発電能力を解決できないため、実用性のある技術とはいえません。

ここに至って開発各国は、既存の第3世代戦車に、第4世代の要素の1つ「ネットワークによる戦場情報管理」を追加し、戦闘効率を高める道を選びました。1991年の湾岸戦争で、全地球測位システム（いわゆるGPS）で、自軍の正確な位置情報を共有するだけでも情報面で優位となり、正確に戦力を使えたからです。

なお、後発の戦車は換装可能なモジュラー装甲を設計段階で導入しています。ただし、脅威に対応して換装するという積極的な意味ではなく、より高性能な装甲が開発されたときに導入しやすいようにするためのものです。装甲だけを変えられれば、戦車を長く使えるからです。ちなみに、戦場環境の変化に応じて、センサーや武装・装甲などを追加していますが、これを0.5世代先の装備というのは厳しいでしょう。

ルクレール

写真提供：Nexter

最初からデータリンクを搭載することを前提に設計された、フランス製戦車。搭載されている電子機器が後づけではないので、システムとしてまとまったパッケージングとなっている

レオパルト2A6

写真提供：KMW

データリンクと増加装甲を追加したうえ、主砲を55口径120mm砲に換装して第3.5世代に進化したレオパルト2。ルクレール、M1A2 SEPと比べると、電子化の度合いは控えめだ

6-05 エイブラムスの好敵手①
—レオパルト2（西ドイツ）

レオパルト2は、西側最初の第3世代戦車です。西ドイツは1964年から、アメリカと共同でKPz70/MBT70戦車の開発を進めてきましたが、開発コストが高騰したので1969年に計画から離脱し、翌年独自に新型戦車計画を始めました。1972年から74年までに試作車16輌がつくられ、さらにアメリカ向けに照準装置を簡素化したレオパルト2AVを製作し、XM1戦車（M1の試作車）と比較評価を受けています。その改良型がレオパルト2で、1977年から生産が始まりました。砲塔は垂直面で構成された中空装甲で、120mm滑空砲を搭載し、**これまでの第2世代戦車と一線を画する戦車として登場**しました。複合装甲は、1987年から装備しています。

レオパルト2は、ドイツ軍に2,125輌が配備され、冷戦終結後はドイツ軍で余剰となった車輌が、ヨーロッパを中心に輸出され、第3世代戦車のスタンダードになっています。ドイツ軍の車輌は装甲を強化したA5、さらに主砲を長砲身の55口径に換装して射程を伸ばしたA6に発展しています。海外に輸出された車輌も、砲塔前面に箱型の装甲を追加したスイスのPz.87 Leo WEや、車体前面と砲塔上面に装甲を追加したスウェーデンのStrv.122Bのように独自の改良を施し、生産数は3,300輌以上にのぼります。

また、平和維持活動における市街戦を重視したPSO（Peace Support Operations）が2006年に発表されています。車体前面に排土板を装着し、砲塔側面後半部とサイドスカート前半部に増加装甲、車体底面には装甲プレートを追加。装填手用ハッチ後方には、車内から遠隔操作できる銃架を設置します。

レオパルト2 PSO

市街地での取り回しを考えて、主砲は短い44口径120mm砲に戻されている

生産国：ドイツ
乗員：4名
重量：59.7t
全長：9.97m
全幅：3.74m

全高：3.00m
武装：120mm砲×1、7.62mm機銃×2
装甲：複合装甲
最大速度：72km/時
※A5のデータ

Pz.87 Leo WE

スイス陸軍のレオパルト2改良型。ドイツとは違う形の増加装甲を取りつけ、砲塔上の機銃をテレビカメラつきのリモコン式にしている

6-06 エイブラムスの好敵手❷
—チャレンジャー1/2（イギリス）

チャレンジャー1/2は、西側戦車として初めて複合装甲を装着した戦車です。イギリス陸軍はチーフテン主力戦車の後継を模索していましたが、不況による資金不足で計画が中止になるなど難航していました。そこへイラン向けにチーフテンをベースに開発していたシール・イラン戦車が、1979年のイラン・イスラム革命で宙に浮いてしまうという事態が発生しました。そこで、メーカーである王立造兵廠の救済も兼ねて、1979年9月にシールの改良型をチャレンジャーとして採用しました。

チャレンジャー1は、チョバム戦闘車両研究所が1976年に開発した複合装甲である**チョバム装甲を装着**し、飛躍的な防御力の向上を果たしています。しかしそれ以外は、多少の改良が加わっているもののチーフテンと同じ基本構造で、主砲も弾頭と装薬が分離した分離弾薬方式の55口径120mmライフル砲を搭載していました。チャレンジャー1は1983年より就役し、420輌が生産されています。1991年の湾岸戦争に参戦し、1輌の損害もなく、およそ300輌のイラク軍戦車を撃破しました。

チャレンジャー2は、チャレンジャー1をベースに、第2世代のチョバム装甲、新設計の砲塔と新型変速機への換装など**156カ所におよぶ改良が盛り込まれた**ものです。2002年までにイギリス向けに408輌が生産され、オマーンにも38輌が輸出されています。2003年のイラク戦争以降、イラクに120輌が派遣されました。現在、チャレンジャー専用である分離弾薬方式砲弾の生産が終わっているため、主砲をレオパルト2A6と同じラインメタル製55口径120mm砲滑腔砲に換装する改修作業が進められています。

チャレンジャー1

写真提供：Royal Crown

生産国：イギリス
乗員：4名
重量：62.5t
全長：11.55m
全幅：3.52m
全高：2.49m（砲塔上面）
武装：120mm砲×1、7.62mm機銃×2
装甲：複合装甲
最大速度：56km/時
※チャレンジャー2のデータ

チャレンジャー2

写真提供：アメリカ国防総省

イラクでの経験を生かし、車体と砲塔の前部には爆発反応装甲、車体と砲塔の後部にはケージ装甲を装着している

6-07 エイブラムスの好敵手③
―90式戦車（日本）

90式戦車は、1977年から開発が始まり、1990年に制式化された陸上自衛隊の第3世代戦車です。300輌が生産され、北海道を中心に配備されています。主砲は西側戦車の標準といえるラインメタル社のRh120 44口径120mm砲を、日本製鋼所がライセンス生産したものです。ベルト式自動装填装置と油気圧サスペンションの採用が特徴で、ベルト式自動装填装置は装填手をなくして発射レートの安定と、車内容積の縮小を図っています。油気圧サスペンションはピッチ方向の姿勢と車高の変更を可能にし、稜線に隠れての射撃を容易にしています。また主砲の俯仰角度が少なくてもよく、砲塔の正面面積の縮小にひと役買っています。

装甲はセラミックバルクがチタン製のケース（拘束容器）に納められ、タイル状に並べられた拘束セラミック装甲と推測されています。この方式は侵徹体を折ったり運動エネルギーを減らすのに有効とされています。内装式のモジュール装甲となっているので、交換によるアップデートも可能です。60tオーバーがふつうである第3世代戦車にあって50tと軽量でありながら、正面装甲は装弾筒付翼安定徹甲弾（APFSDS）や多目的対戦車榴弾（HEAT-MP）複数発の直撃に耐え、側面でも35mm装弾筒付徹甲弾の掃射に耐えるとされています。さらに熱線画像から目標を捕捉・追跡する赤外線イメージロック機構ももっており、高精度の砲安定化装置と相まって、驚異的な命中精度を誇ります。**日本得意の電子制御と素材技術を盛り込んだ戦車**といえます。

戦車単体としては世界水準の能力ですが、第3.5世代戦車に要求される戦場情報の共有機能はなく、改修計画もありません。

90式戦車

写真提供：陸上自衛隊

生産国：日本
乗員：3名
重量：50.2t
全長：9.76m
全幅：3.33m

全高：3.05m
武装：120mm砲×1、12.7mm機銃×1、7.62mm機銃×1
装甲：複合装甲
最大速度：70km/時

写真提供：陸上自衛隊

走りながら射撃（走行間射撃）する90式戦車

6-08 エイブラムスの好敵手④
—TK-X（日本）

陸上自衛隊は90式戦車を配備しましたが、50tを超える車重は、北海道以外での満足な運用を阻みました。しかも配備数は、その前に配備された第2世代戦車の74式戦車が、依然として主力です。そこで現在、この74式戦車の代わりとして、開発が進められているのが**次期戦車（TK-X）**です。TK-Xは、第3.5世代戦車としての能力をもちながら、軽量・コンパクトな戦車として、2010年度の制式装備化を目指しています。

主砲は日本製鋼製で、90式戦車と同じ44口径120mm滑腔砲ですが、燃焼速度を最適化した装薬とそれに合わせた砲設計で、威力は向上しています。装甲は外装式のモジュラー装甲で、脅威によって装甲を換装し、より柔軟性の高い運用ができます。サスペンションは、74式戦車と同じピッチ、ロール方向に動く油気圧サスペンションが復活し、40t台の車重ながら120mm砲の反動を受け止めるために、能動的に制御されます。

第3.5世代戦車に不可欠な戦場情報共有システムとして搭載予定となっているのは、**GPSでの自己位置評定機能と、僚車などとのデータリンク機能**です。データリンク機能は、戦闘団本部から歩兵に至るまで、自軍のあらゆるユニットと情報を共有する基幹連隊指揮統制システムに対応し、的確な情報共有と迅速な判断ができます。開発費は約484億円、目標単価は約7億円と発表されており、10億円以上となっている第3.5世代戦車のなかにあって、非常に低コストです。防御力を高めるために、戦車が運用限界ぎりぎりまでに重厚長大になりつつあるなかで、日本の生んだ新しい戦車の形として注目されています。

TK-X

写真提供：防衛省 技術研究本部

2008年2月13日に公開された陸上自衛隊次期戦車（TK-X）。4輌製作された試作車のうちの2号車

生産国：日本
乗員：3名
重量：約44t（全備重量）
全長：9.42m
全幅：3.24m

全高：2.30m
主砲：120mm砲×1、12.7mm機銃×1、7.62mm機銃×1
装甲：複合装甲
最大速度：70 km/時

6-09 エイブラムスの好敵手❺
—ルクレール（フランス）

ルクレールは、設計時から戦場情報共有システムを組み込んだ生まれながらの第3.5世代戦車です。基幹となる3基のコンピューターが、多くのサブシステムを接続しており、**分散処理の概念を導入**しています。また、ファインダーズ戦闘管理システムとイコンTISデジタル通信装置は、車輌間はもちろん、上級司令部とも戦場データをリンクでき、集団運用時の戦闘効率が大幅に向上しています。また、1分以内に6つの目標を同時追尾・攻撃する能力があります。

主砲はGIAT社製F1 51口径120mm滑腔砲で、ベルト式の自動装填装置により給弾されます。射撃精度も高く、距離3,000mの動いている目標を40km/時で走行中に射撃した場合、**初弾命中率は95%**となっています。装甲は、防弾鋼板の外壁と内壁の間に複合装甲を納める内装式で、セラミック系が使われているといわれています。エンジンはディーゼルとガスタービンを組み合わせたもので、コンパクトながら1,500馬力を発揮します。しかし、精密な設計なので、十分な支援なしでは野戦整備が困難という欠点もあります。フランス陸軍に406輌が引き渡されました。

アラブ首長国連邦向けの**トロピック・ルクレール**もあり、車体を延長して動力部をドイツ製ディーゼルエンジンでまとめたユーロ・パワーパックに換装するなどの改良をしています。これは、388輌が採用されています。また、2006年には、砲塔側面や車体後部、エンジングリルに対戦車ロケット弾対策の装甲を施して、砲塔上面の機銃をリモコン式にした市街戦仕様のルクレールAZUR（アジュール）が発表されています。

ルクレール

写真提供：Nexter

生産国：フランス
乗員：3名
重量：56.0t
全長：9.87m
全幅：3.71m

全高：2.93m
武装：120mm砲×1、12.7mm機銃×1、
7.62mm機銃×1
装甲：不明
最大速度：72km/時

写真提供：Nexter

外装式モジュラー装甲に見えるが、砲塔周りの箱状のものは雑具箱。装甲は雑具箱の内側にある

6-10 エイブラムスの好敵手❻
—C-1 アリエテ（イタリア）

C-1 アリエテは、世界的な火砲メーカーOTOメララ社と、イタリアを代表する大型自動車メーカーIVECO社の合弁企業によって開発されたイタリアの第3世代戦車です。**イタリア初の純国産戦車**でもあります。時代遅れとなった第1世代戦車、M47戦車の後継として、1984年に開発が始められました。

全体は溶接構造で、車体前部と砲塔前面、同側面前部に複合装甲が装着されています。砲塔前面には強い傾斜がつけられており、左側面には砲塔内への弾薬搭載用ハッチが設けられています。主砲はOTOメララ製の44口径120mm滑腔砲で、薬室はラインメタル製120mm砲と同サイズです。砲弾はレオパルト2、M1エイブラムスと互換性があります。射撃統制装置のガリレオ社製TURMSは、車長用昼夜兼用パノラミック・サイト、砲手用安定化サイト、射撃統制コンピューター、各種センサー、砲口照合装置、車長/砲手/装填手用コントロール・パネルからなります。

1986年に試作1号車が完成し、1988年には6輌の試作車で、メーカーとイタリア陸軍の双方による450日以上の技術試験と実用試験が行われました。1990年から300輌が引き渡される予定でしたが、財政危機と冷戦終結で200輌に減らされ、最初の引き渡しは1995年にずれ込みました。2005年より、第3.5世代戦車に進化させるSICCONA航法・指揮統制システムが導入されています。

また、2005年に1,500馬力級の強力なターボチャージド・ディーゼル・エンジンの搭載、油気圧式サスペンション、主砲用自動装填装置、改良型射撃統制装置の装備などを図ったアリエテMk.Ⅱが発表されましたが、予算がつかず中止となっています。

C-1 アリエテ

生産国：イタリア
乗員：4名
重量：54.0t
全長：9.67m
全幅：3.60m

全高：2.50m
武装：120mm砲×1、7.62mm機銃×2
装甲：複合装甲
最大速度：65km/時

写真提供：アメリカ国防総省

2004年より、イタリア軍はイラクでの治安維持活動にアリエテをもち込み展開した

6-11 エイブラムスの好敵手⑦
—T-90ほか（ロシア）

ソ連陸軍は、T-72とT-80という2種類の主力戦車を配備しました。T-72は東欧やアフリカ諸国にも輸出する廉価版、T-80は本国の部隊だけが装備する電子装備の充実した高級版でした。T-72は、強固な複合装甲、自動装填装置つき125mm滑腔砲を備え、西側の第3世代戦車の開発をうながした戦車です。しかし、1991年の湾岸戦争では、主要コンポーネントの性能を落とした輸出型（いわゆるモンキー・モデル）ではあったものの、M1エイブラムスなどに一方的に撃破され、評判がガタ落ちになりました。そして、それを回復すべく開発されたのがT-90です。

T-90は、T-72Bをベースに開発が進みました。T-80Uで採用された射撃統制装置が流用され、主砲発射型対戦車ミサイルや熱映像暗視装置、爆発反応装甲、アクティブ防御装置などを備え、高額なT-80Uと大差ない能力を備えます。しかし、**第3.5世代に必要とされる、戦場情報を共有するデータリンクは備えていません**。T-90は、ロシア陸軍向けとして200輌程度が生産されました。

また、T-72を使用している各国には改修キットが販売され、インドは**T-90Sブヒーシュマ**としてライセンス生産しています。そのほか、T-72を改良した戦車として、ウクライナのT-72AG、ポーランドのPT-91トワルディ、クロアチアのM-95デグマンなどが挙げられます。どれも装甲の追加と、射撃統制装置を中心とした車載電子装置の改良・換装がおもな改修内容です。これらT-72改良型は、最新の第3.5世代戦車には見劣りしますが、低コストで、手もちのT-72の能力が大幅に向上するので、生産していた旧ソ連構成国、東欧各国が輸出市場向けに発表しています。

T-90S

写真提供：ロシア兵器輸出公社

生産国：ロシア
乗員：3名
重量：46.5t
全長：9.53m
全幅：3.78m

全高：2.23m
武装：125mm砲×1、12.7mm機銃×1、
7.62mm機銃×1
装甲：複合装甲
最大速度：60km/時　※T-90のデータ

T-72MP

写真提供：KBM

ウクライナのメーカー、KBM社が開発したT-72改良型である

6-12 エイブラムスの好敵手❽
—チョールヌイ・オリョール（ロシア）

チョールヌイ・オリョールは、1980年代半ばからT-80Uをベースに開発が始められた新型戦車です。1999年に試作車が公開されました。車体はT-80Uによく似ていますが、後方に延長され、転輪1組を追加しています。

砲塔は後方に角型のバスルを備える新たなもので、前部には複合装甲と爆発反応装甲を組み合わせた、**カークトゥス（サボテン）と呼ばれるブロック防御システム**を備えています。また、対戦車ミサイルから身を守るためのアクティブ防御装備も搭載可能としていました。

主砲は140mmともいわれましたが、試作車はT-72/80系列と同じ125mm滑腔砲が搭載され、バスルには自動装填装置と弾薬を収めるものと見られていました。しかし、開発企業の倒産により中止となっています。

チョールヌイ・オリョール

生産国：ロシア
乗員：4名
重量：55.2t
全長：9.67m
全幅：3.74m
全高：2.79m
武装：125mm砲×1、
7.62mm機銃×2
装甲：複合装甲
最大速度：72km/時

6-13 エイブラムスの好敵手❾
―オブイェクト195/T-95（ロシア）

オブイェクト195/T-95は、2010年ごろに登場するというロシアの最新鋭戦車で、詳細なデータは一切不明です。ロシアの主力戦車はT-72/T-80/T-90と同一の基本形をベースに近代化してきましたが、T-72が湾岸戦争で惨敗し「旧型戦車をいくら改修しても、世代の差は埋められない」ことがわかりました。これをあらためるため、新規開発しているのがオブイェクト195/T-95です。

自動装填システムを車体側に組み込み、**砲塔の無人化で正面面積を徹底的に減らして小型化**し、被弾率の大幅な減少を狙っています。アクティブ防御システムを搭載するとも考えられています。乗員は3名で、車体のカプセル型装甲内に搭乗するようです。主砲は口径135～152mmを搭載すると思われます。車載電子装置は高精度の射撃管制装置はもちろん、車輌間、司令部など戦術レベルでのデータリンクが可能なようです。

オブイェクト/95/T-95

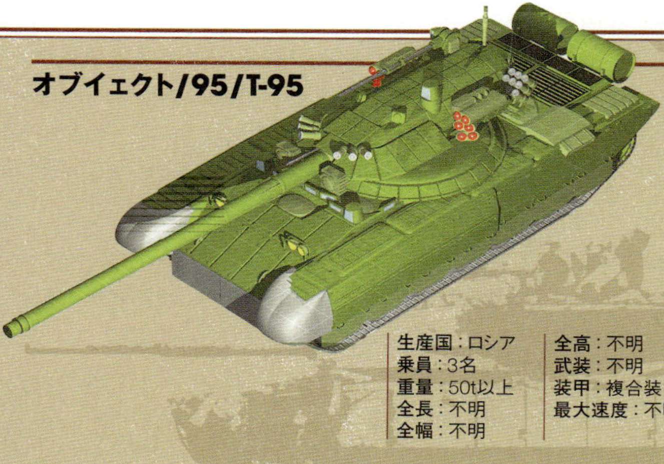

生産国：ロシア	全高：不明
乗員：3名	武装：不明
重量：50t以上	装甲：複合装甲
全長：不明	最大速度：不明
全幅：不明	

6-14 エイブラムスの好敵手⑩
—99G式戦車（中国）

99G式戦車は、1999年の軍事パレードで登場した99式戦車の改良型で、2001年に公表されました。

99式戦車は主砲や自動装填装置などでT-72シリーズを踏襲しますが、**射撃統制装置やエンジンなどは、ドイツやフランスなどの西側技術を導入**しています。装甲防御力も重視され、120mm滑腔砲から発射される徹甲弾に、射程2,000mで耐えられる模様です。搭載する125mm砲は、高い貫徹力をもつ腔内発射式の旧ソ連製レーザー誘導対戦車ミサイル、レフレクスも発射できます。

ただし、99式戦車はパレードに間に合わせるために開発したため、実用レベルに達しておらず、防御力が軍の要求に達していなかったので、試作車を合わせても100輌未満で生産は打ち切られてしまいました。

改良型の99G式戦車では、爆発反応装甲を追加装備したほか、エンジン出力の向上、改良型の赤外線暗視装置の搭載などが行われています。また、第3.5世代戦車に必要とされる戦場情報共有システムも搭載し、ロシアやウクライナの戦車と同様の、対戦車ミサイルかく乱用アクティブ防御システムJD-3を搭載した車輌もあります。JD-3は敵車両からのレーザー照準を感知・作動するシステムですが、レーザー通信機能も備えるとされています。

99G式戦車で、世界の第3世代戦車と並ぶ性能を得ましたが、中国軍にとって重く高価な戦車となってしまい、98式戦車と合わせて200輌しか配備されていません。現在は、より軽くすぐれた車体をもつ90-II式（パキスタンとの共同開発）に99G式戦車の砲塔を搭載した新型戦車を開発中です。

99G式戦車

生産国：中国
乗員：3名
重量：54.0t
全長：11.00m
全幅：3.37m
全高：2.40m
武装：125mm砲×1、12.7mm機銃×1、7.62mm機銃×1
装甲：複合装甲
最大速度：80km/時

99式戦車

外観では砲塔前面の増加装甲の形状ぐらいしか99G式戦車との違いはない

6-15 エイブラムスの好敵手⑪
—メルカバ（イスラエル）

メルカバは、1977年に登場したイスラエルの主力戦車で、搭乗員を守る防護力と対市街戦能力にすぐれています。Mk.3以降は120mm砲とすぐれた電子機器に換装され、第3世代になりました。全周はすべて二重装甲で、機関室が車体前部に置かれているのが特徴です。これは、**エンジンをも盾として、乗員を守る工夫**です。車体後部の中央には乗降ハッチがあり、弾薬コンテナを搬出すれば、兵員の乗降も可能です。

1989年から配備が開始されたMk.3は、全面的に再設計し大型化しています。主砲はラインメタル製Rh120をもとにした、IMI社製120mm滑腔砲です。Mk.3バズは、射撃統制装置が自動追尾装置つきになり、移動目標を攻撃できます。

2002年に公表されたMk.4は、さらに徹底した全周防御が施され、複合装甲を外装式で取りつけています。砲塔のハッチは、装填手用を廃止して車長用だけとし、砲塔の周囲は箱型の増加装甲を外装式で取りつけているので、砲塔自体が大型化しています。機関・駆動系は、小型でより強力なドイツ製のMTU833パワーパック（1,500馬力）に換装し、Mk.3の弱点だった走破性を向上させました。また、戦場情報を共有するデータリンクである戦闘管理システムを搭載し、第3.5世代戦車に進化しています。

なお、2006年のレバノン侵攻にMk.4が52輌、参加しましたが、新型の対戦車ミサイルや即製簡易爆弾で18輌が損傷を受け、うち2輌が完全に破壊されました。搭乗員や随伴歩兵10名が死亡しており、2007年からは、レーダーで自動的に対戦車ミサイルを迎撃するトロフィーアクティブ防御システムを搭載しています。

メルカバ

写真提供：israeli-weapons.com

生産国：イスラエル
乗員：4名
重量：65.0t
全長：9.04m
全幅：3.72m

全高：2.6m
武装：120mm砲×1、12.7mm機銃×1、7.62mm機銃×2、60mm迫撃砲×1
装甲：複合装甲
最大速度：64km/時　※Mk.4のデータ

写真提供：イスラエル国防軍

メルカバMk.3 ドル・ダレッド。120mm砲に換装して一新したが、砲塔に致命的な弱点があったため、砲塔側面に増加装甲を追加した

6-16 エイブラムスの好敵手⑫
—XK-2 フクピョ（韓国）

XK-2 フクピョは、2007年3月に初公開された韓国初の国産戦車です。要素技術の多くは、ロシア、ドイツ、フランスなどから導入しています。たとえば、主砲は55口径120mm砲にベルト式自動装填装置を組み合わせていますが、前者はラインメタル社から、後者はネクスター社からライセンスを受けています。複合装甲はフランスとロシアから、エンジンユニットはドイツ･MTU社、対戦車ミサイルを感知･迎撃するアクティブ防御システムはロシア･KBM社のものです。韓国自身が独自に設計した部分は、サスペンションを含む車体のみとなります。

主砲は、山がちな朝鮮半島での運用を考えて、油気圧サスペンションによる姿勢変更と合わせて**かなり高い角度まで仰角をとれます**。腔内発射式のミサイルも撃てます。装甲は外装式のモジュラー装甲となっています。

乗員は車長、砲手、操縦手の3名で、足回りは油気圧サスペンションを採用し、車高やピッチ、ロール方向に姿勢を変えられます。車長と砲手は各自、2軸安定化装置を備えた昼/夜間用熱線映像サイトをもち、砲手をオーバーライドして車長が指示した目標を攻撃するハンター･キラー･モードでの射撃も可能です。戦場情報を共有する車輌間のデータリンクも備えています。

価格は83億ウォンと第3.5世代戦車としては割安で、2011年から大規模に生産開始の予定です。なお、当初、韓国陸軍は680輌の配備を予定していましたが、国防予算が削減されたため、300輌に減らされています。また、トルコ陸軍は、次期主力戦車としてXK-2を改修した車輌の導入を2007年7月に決定しています。

XK-2 フクピョ

写真提供：ROTEM

生産国：韓国
乗員：3名
重量：55.0t
全長：10.0m
全幅：3.60m
全高：2.50m
武装：120mm砲×1、7.62mm機銃×1、12.7mm機銃×1
装甲：複合装甲
最大速度：70km/時

写真提供：ROTEM

走行試験の映像を見るかぎり、サスペンションの制振能力に難があり、停車直後や連続射撃の精度に支障があると推定される

COLUMN 06

戦車の天敵

最大の天敵は**航空機**でしょう。戦車は正面以外の装甲、特に砲塔上面、エンジングリルのある後部車体上面は脆弱です。航空機は上空から攻撃しますから、主砲よりはるかに口径の小さい機関砲弾でも、直撃すると致命傷となります。まして、装甲貫通力をもった対戦車爆弾子を収容したクラスター爆弾は、広い範囲に爆弾子をばらまくので非常にやっかいです。

対戦車ミサイルは、遭遇する機会の多い脅威でしょう。歩兵2名で運用するタイプだと射程が2,000～4,000mです。戦車砲の有効射程外から撃ち込め、近年のミサイルは、いったん上昇して装甲の薄い車体上面を狙うようになっています。ミサイル本体、誘導装置は非常に小さいので、射手は、ちょっとした潅木や起伏にも隠れられ、撃ったあとは自動的に追尾して、人間が誘導する必要のない撃ちっ放し能力を備えています。

単純ですが、**地雷**も対戦車兵器の定番です。5kg以上の炸薬量をもちますが、対人用と違って100kg以上の圧力がかからないと爆発しません。戦車の致命的破壊というよりは、履帯を切ったり、警戒させることで、進撃を遅らせるのが狙いです。しかし、複数を巧妙に配置したり、対人用地雷やほかのトラップと組み合わせることで、非常に効果的な防御兵器として機能します。

地雷の一種で、イラクやアフガニスタンで使われている**即席簡易爆弾**もまた非常にやっかいな存在です。不発の砲弾や爆弾を回収して、簡易なセンサーや携帯電話による起爆装置をつけたものですが、炸薬量が非常に多いので、爆発すると戦車ですら完全に破壊されるほどの威力があります。

第7章 戦車の運用方法

最終章では、
戦車の運用方法や旅団戦闘団の構成、
戦う場所の違いによる戦車運用の違いなどを解説しましょう。
戦車は強力な陸戦兵器ですが、
単独で用いると意外な弱点を露呈させることもあります。
また、平坦な地形では最大の能力を発揮できますが、
市街地などでは自由度が損なわれ
苦戦をしいられるケースもあります。

写真提供：アメリカ海兵隊

イラク･ファルージャ市内の交差点に陣取って警戒するアメリカ海兵隊のM1A1HC

7-01 戦車の運用
—戦車と歩兵が一体となって戦う

戦車は視界の狭さと、懐に入り込まれたときの脆弱さが弱点で、戦車自身ではどうしようもありません。その弱点をカバーするため、**戦車は歩兵といっしょに行動するのが一般的**です。戦車が高価値・重防御の目標を破壊しながら、歩兵が進行方向前方や周辺を捜索・掃討します。これを歩戦協同といい、このような編成の部隊を、諸兵科連合部隊もしくは戦闘団といいます。

戦車に合わせた進撃速度を確保するため、歩兵は歩兵戦闘車または装甲兵員輸送車に乗り込むのが理想的です。この歩戦一体となった部隊に、さらに打撃力を増して独立した戦闘単位として動けるよう、火力の間接投射ができる砲兵、陣地の構築や地雷の処理を行う工兵、さらには攻撃・偵察ヘリを含む航空部隊を合わせて、大規模な諸兵科連合部隊を編成することもあります。

この歩戦一体の組み合わせは、第二次世界大戦でドイツ軍が展開した電撃戦で威力を発揮しました。電撃戦では、航空機が重防御目標や指令結節（指揮系統）を排除する一方で、機甲部隊は敵戦力と真正面からぶつかりあう対決を避け、敵戦線の戦力が薄いところから侵入します。そして戦線を突破したら、内部に迅速に入り込んで相手の連絡線や補給線を断ち、相手を混乱に陥れ、包囲・殲滅しました。

現代の地上戦、特にアメリカ軍が掲げる**エアランド・バトル**（空地統合戦）は、これをさらに洗練したものです。前線部隊が敵正面と戦っている間に、航空機や長射程火力で後方に控える予備部隊を減らしながら、打撃部隊が迅速な機動によって相手の後方奥深くに入り込んで分断・殲滅する「運動戦」となります。

写真提供：アメリカ国防総省

ほかの兵科の援護を受けない戦車は非常に脆弱だ。戦車と歩兵が一体となった運用で初めて、最大の威力を発揮できる

エアランド・バトルの概念

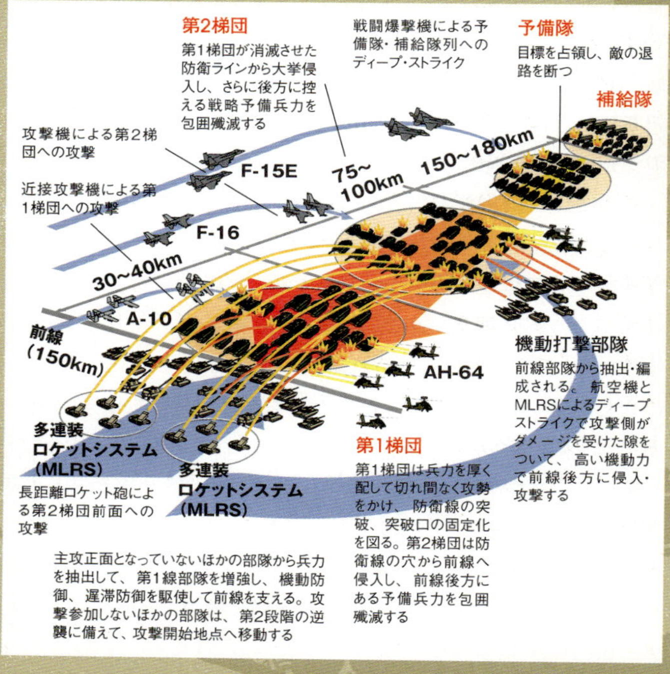
第2梯団
第1梯団が消滅させた防衛ラインから大挙侵入し、さらに後方に控える戦略予備兵力を包囲殲滅する
戦闘爆撃機による予備隊・補給隊列へのディープ・ストライク
予備隊
目標を占領し、敵の退路を断つ
補給隊
攻撃機による第2梯団への攻撃
F-15E
75〜100km
150〜180km
近接攻撃機による第1梯団への攻撃
F-16
30〜40km
A-10
前線（150km）
AH-64
機動打撃部隊
前線部隊から抽出・編成される。航空機とMLRSによるディープストライクで攻撃側がダメージを受けた隊をついて、高い機動力で前線後方に侵入・攻撃する
多連装ロケットシステム（MLRS）
長距離ロケット砲による第2梯団前面への攻撃
多連装ロケットシステム（MLRS）
第1梯団
第1梯団は兵力を厚く配して切れ間なく攻勢をかけ、防衛線の突破、突破口の固定化を図る。第2梯団は防衛線の穴から前線へ侵入し、前線後方にある予備兵力を包囲殲滅する
主攻正面となっていないほかの部隊から兵力を抽出して、第1線部隊を増強し、機動防御、遅滞防御を駆使して前線を支える。攻撃参加しないほかの部隊は、第2段階の逆襲に備えて、攻撃開始地点へ移動する

7-02 旅団戦闘団の構成
―柔軟に対応できる兵力は使いやすい

陸上兵力が完結した活動を行える基本単位は、15,000～20,000人超の師団です。しかし、なにごとにも大がかりとなって、時間もコストもかかる師団より、**柔軟性のある作戦ができる数千人（連隊～旅団規模）の、諸兵科連合部隊を編成の基本にすえる**のが現在の傾向です。

アメリカ陸軍は現在、諸兵科連合部隊に支援部隊を加えて、独立戦闘単位として機能できる旅団戦闘団に改編中です。機甲戦力を配した編成は重旅団戦闘団と呼ばれ、規模は最大3,800人となります。このなかにはM1エイブラムス主力戦車・55輌以上、M2/3ブラッドレー歩兵/偵察戦闘車・85輌以上、M1064A3自走迫撃砲・14輌、M109A6パラディン自走榴弾砲・16輌、M1114長射程先進斥候監視システム搭載装甲車・40輌が含まれます。

そのほか、旅団戦闘団には、歩兵を中心に兵員3,395人を擁する歩兵旅団戦闘団、緊急展開にすぐれる軽量のストライカー装甲車系列・309輌で編成されたストライカー旅団戦闘団があります。師団はこの戦闘旅団4個に、航空旅団1個以上、火力旅団1個、支援旅団1個を加えて編成されます。

たとえば、韓国に展開する第2歩兵師団の場合、重旅団戦闘団×1、ストライカー旅団戦闘団×3に、航空旅団（AH-64Dアパッチ・ロンボウ攻撃ヘリ・48機、UH-60ブラックホーク汎用ヘリ・30機、CH-47Dチヌーク輸送ヘリ・12機など）×1、火力旅団（M270 MLRS・36輌）×1からなります。ただし、実際に韓国に駐留しているのは、重旅団戦闘団と火力旅団、航空旅団のみで、ストライカー旅団戦闘団はアメリカ本土にとどまっています。

アメリカ陸軍重旅団戦闘団の組織図

アメリカ陸軍重旅団戦闘団

- **諸兵科連合大隊×2**
  - 大隊本部
  - 本部中隊
    - 医療中隊
    - 偵察小隊
    - 狙撃班
    - 迫撃砲小隊
  - 戦車中隊（M1エイブラムス・14輌）×2
    - 戦車小隊×3
  - 機械化歩兵中隊（M2ブラッドレー・14輌）×2
    - 機械化歩兵小隊×3
  - 機械化戦闘工兵中隊
- **偵察騎兵大隊**
  - 大隊本部
  - 騎兵本部中隊
  - 武装偵察騎兵中隊×3
    - 武装偵察騎兵小隊（M3ブラッドレー・3輌、M1114 HMMWV長射程先進斥候監視システム搭載型・5輌）×2
    - 120mm重迫撃砲班（M1064A3・14輌）
- **野戦砲兵大隊**
  - 大隊本部
  - 砲兵本部中隊
  - 155mm自走砲兵中隊（M109A6パラディン・8輌）×2
  - 目標捕捉班
- **旅団特別任務大隊**
  - 大隊本部
  - 本部中隊
    - 軍警察小隊
    - 支援小隊
    - 対特殊武器情報小隊
  - 旅団司令部と司令部中隊
  - 軍情報中隊
  - ネットワーク通信中隊
- **旅団支援大隊**
  - 大隊本部
  - 本部中隊
  - 補給中隊
  - 整備中隊
  - 医療中隊
  - 前方支援中隊（諸兵科連合）×2
  - 前方支援中隊（偵察および監視）
  - 前方支援中隊（野戦砲兵）

7-03 戦車が運用される場所❶
―啓開地（平原）

啓開地（平原）は、**戦車の能力がもっとも発揮される**シーンで、進撃速度の速い戦車が主、歩兵は装甲車に乗り込んでついていく従となります。戦車隊は、敵戦線に穴を開ける役割で、戦車隊が開けた穴を後続の歩兵部隊が拡張、戦線を固定します。4輌＝1個小隊として行動し、小隊は2輌1組となって、A組が敵を攻撃している間に、B組が側面に回り込むように連携します。小隊は地形が許すかぎり互いをカバーでき、火力を発揮しやすいくさび形やはしご形隊形をとります。さらに3個小隊＋中隊本部（戦車2輌、汎用車2輌、5tトラック1輌）＝1個中隊となります。

進軍中は、丘陵や潅木、枯れた川などの地形を利用して相手からの射線をさえぎりながら、その場所は相手が待ち伏せで潜んでいる可能性もあるので、偵察班を派遣して確認します。湾岸戦争やイラク戦争では、障害物の少ない砂漠で見通し距離をとれたので、交戦距離は2,000〜4,000mとなりました。しかし、第3世代戦車の多くが想定した、ヨーロッパの平原の場合は、視界をさえぎる障害物が多く、1,000m台での交戦を予想していました。隠れる場所が多い森や市街地は、捜索・掃討に時間がかかり進軍速度を遅らせるので、作戦目標でなければ迂回します。

ただ、進撃するにも整備・補給能力の面から限度があり、M1A1の場合、1日出撃したあとに25マンアワー（25人がそれぞれ1時間作業すること）の整備が必要ですし、燃料容量からも不整地走行で9時間、燃費のよい路上走行でも11.3時間の行動が限界です。このことから、十分な整備と補給を受けながら、1回の出撃で進出できる距離は160km前後とされています。

小隊での進軍例

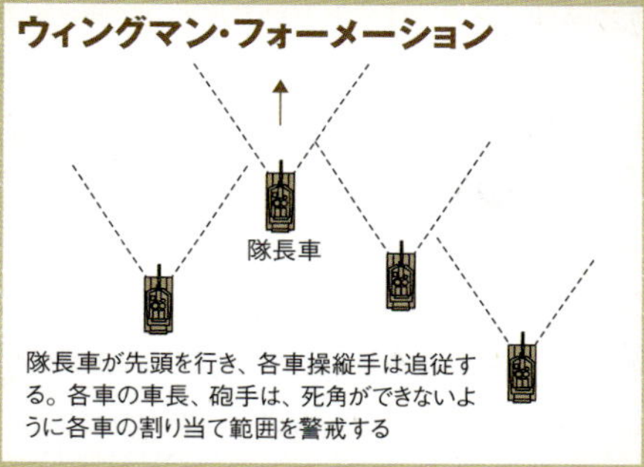

隊長車が先頭を行き、各車操縦手は追従する。各車の車長、砲手は、死角ができないように各車の割り当て範囲を警戒する

小隊長は目的地への道のりを考え、隊長車の操縦手に、口頭かデジタル機材で向かう方向を示す。操縦手は最適な経路で目的地を目指す

小隊での運用例

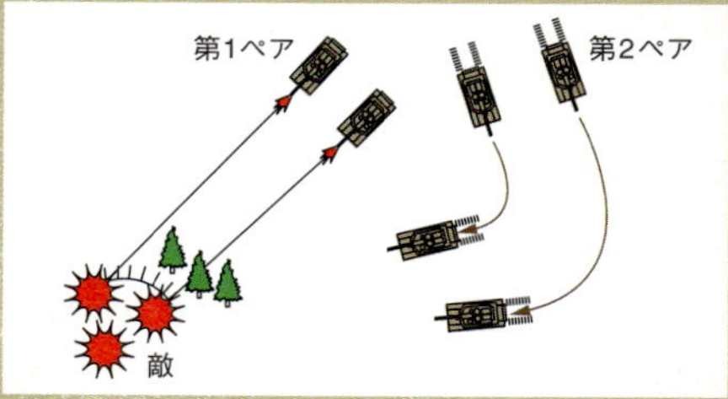

第1ペアが攻撃をかけ制圧している間に、第2ペアが側面に回り込み撃破する

中隊での運用例

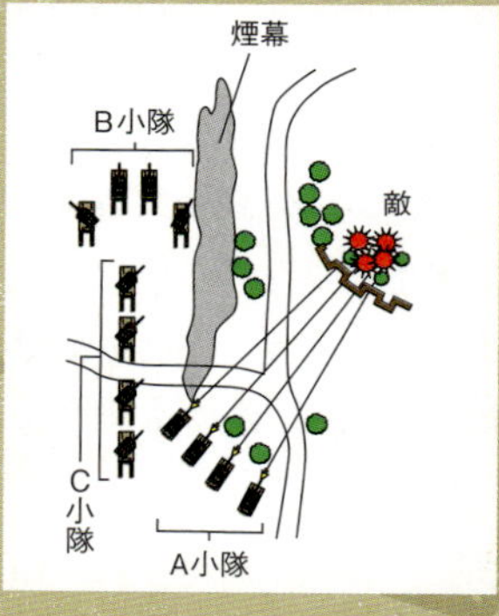

敵：待ち伏せていた敵
A小隊：戦闘している小隊
B小隊：縦列から組み替えた先頭の小隊
C小隊：後続の縦列

A小隊が敵と交戦している間に、B小隊は側面に回って援護、C小隊は前進を続行

7-04 戦車が運用される場所❷
—陣地・防御戦

前述したように戦車の要素の1つは機動力にありますが、状況によっては、ほかの兵科と協力して陣地を構築し、トーチカのように使うこともあります。特にソ連は幅5km、奥行き4kmにおよぶ対戦車陣地「**パックフロント**」を生みだしました。1991年の湾岸戦争では、イラク軍がソ連製T-72、T-55戦車を**戦車用壕**(ダックイン壕)に入れて、対戦車ミサイルなどを組み合せたパックフロントを造成して、アメリカ軍の攻勢に備えていました。

このなかでよく使われるのは、戦車用壕に車体を入れてしまい、砲塔だけを地上に露出させる「**ハルダウン**」という手法です。

被弾する確率が高い戦車の前面は、厚い装甲をもちますが、それでも砲塔より下の車体前面部分は、砲塔の前面に比べて装甲が薄いので、地面の中に隠してしまうというわけです。車高が下がることで被弾する確率を減らせますし、地面が整地されるので射撃精度も向上します。

防御陣地の場合は、スロープした穴を掘って、周囲に土嚢を積み上げ、穴の内側は土が崩れないように木材で内張りします。さらに上空からの目をあざむくための擬装ネットを壕の上に張ります。車体全部を埋めるわけではないので、機を見て壕からでて逆襲できますし、相手の進撃速度を遅らせる遅滞防御が狙いなら、別の場所に第2、第3の壕を造成しておきます。

進撃中でも整備・補給などの停止時には、同行する工兵車輌で地面を掘り返して簡易なダックイン壕をつくり、敵の奇襲に備えます。

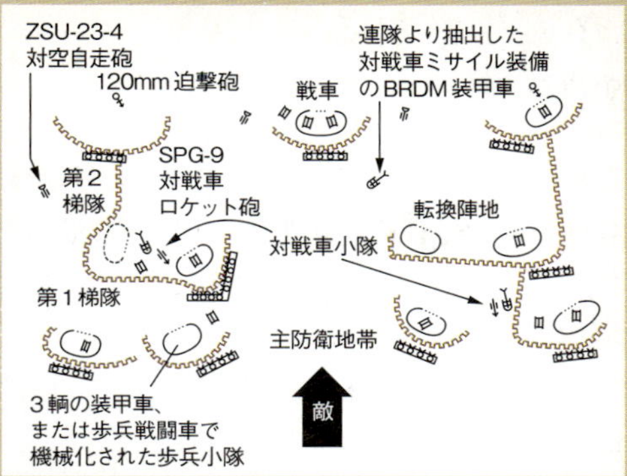

ソ連軍のパックフロント。敵戦車を中心の主防衛地帯（幅1,000～2,000m）に誘い込み、十字砲火を浴びせる

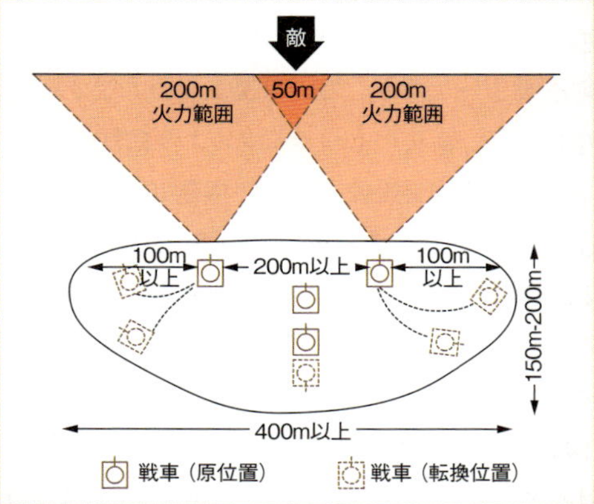

戦車小隊の防御火点。陣地内に戦車用壕を、1輌に対して複数掘っておき、適宜陣地転換して、敵の攻撃から身を守る

写真提供：アメリカ国防総省

戦車用壕に入ったT-72戦車。火線に対する露出面積を減らし、擬装ネットを張っている

7-05 戦車が運用される場所❸
―森や市街地

視界、射界をさえぎり、機動力を封殺する森や市街地は、戦車にとっては不利な状況です。木立ちや建物は発砲炎を隠し、狙撃手や待ち伏せするものに格好の隠れる場所を与え、鉄筋コンクリートのビルはそれだけで全周にわたって防御されたトーチカの役割をはたします。また建物に当たって反響する音は、射手が潜んでいる場所をわかりにくくします。

このような地形での戦闘は、歩兵が主となって捜索・掃討し、戦車は、強力な敵の反撃に遭遇したときや建物の破壊が必要なときに、火力を使う移動トーチカとしての役割をはたします。おもに機関銃を使用しますが、歩兵のもつライフルより口径が大きく、射撃精度が高いので、歩兵支援火力として機能します。

戦車は車長がハッチから車外に身を乗りだして、車内では得られない音や視覚などの情報を補いながら行動するのが基本です。しかし、一方で狙撃の目標になりやすくなってしまいます。

森林地帯では戦車が行動できないように思えますが、太さ30cmくらいの樹木なら押し倒して進めます。進軍スピードは落ちますが、進めないわけではありません。実際、第二次世界大戦時にはドイツ軍が森林地帯を通ってフランスへ侵攻していますし、ベトナム戦争では、「重い戦車は熱帯雨林の泥ねいに足を取られて動けない」という予想に反して、高い走破性を発揮しています。

このような用途なら装甲車のほうがすぐれているように思えますが、相手への心理的圧迫、すぐれたセンサーによる支援、よりすぐれた防御力で歩兵の盾として使うことにより、戦車が入ったほうが歩兵の死傷者が減ります。

道路における死角

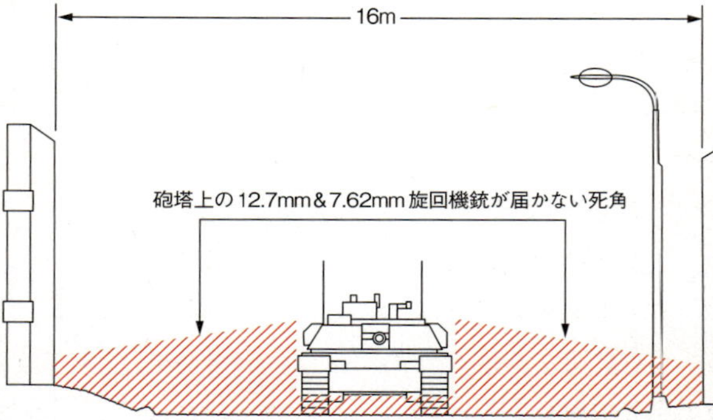

狙われやすい車体や砲塔の上面

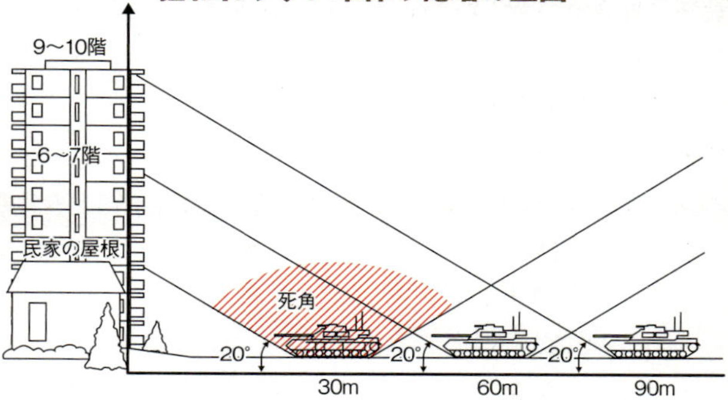

市街戦では、戦車の弱点である車体・砲塔上面が簡単に狙われてしまう。しかも反撃しにくい

写真提供：アメリカ国防総省

《参考文献》

『ABRAMS A History of the American Main Battle Tank Vol.2』 R.P.Hunnicutt（PRESIDO、1990年）

『M1 ABRAMS AT WAR』 Michael Green、Greg Stewart（ZENITH PRESS、2005年）

『ABRAMS COMPANY』 Hans Halberstadt、Erik Halberstadt（Crowood Press、1999年）

『M1A1/M1A2 SEP ABRAMS TUSK』 Carl Schulze（Tankograd Publishing、2008年）

※そのほかアメリカ陸軍発行の各種フィールド・マニュアル、テクニカル・マニュアル、アメリカ国防総省、アメリカ議会予算局、アメリカ会計検査院、陸軍訓練教義軍団、世界保健機構発行の当該報告書、Army Technology.com、Global Security.org、Jane's Deffence Weeklyの当該記事などを参考にさせていただきました。

索　引

数・英

90式戦車 174
99G式戦車 186
99式戦車 186
AGT-1500C 152
C1 アリエテ 180
fuel hog 156
IP-M1 24
LAHAT 64
M1 24
M1 ABV 36
M1 パンサーII地雷処理車 36
M1028 58
M104 ウルヴァリンHAB 36
M1A1 25
M1A1 D 26
M1A1 HA/HA+/HC 24
M1A1 SA/ED 27
M1A2 27
M1A2 SEP 16、26、28、32、48、78、115、120
M1A3 80
M240 7.62mm機関銃 66
M256 44口径120mm滑腔砲 44
M2HB 12.7mm機関銃 66
M48A3パットン 163
M829 54
M830 56
M831A1 60
M865 60
MBT-70 18
MRAP 134
NBC防御 16、110
Pz.87 Leo WE 171
T-34 162
T-55 163
T-72 165
T-72MP 183
T-90S ブヒーシュマ 182
TK-X 176
X1100-3B 154
XK-2 フクピョ 190
XM1 21、23
XM1069 LOS-MP 62
XM803 21、23

あ

アクティブ防御 102、104
ウイングマン・フォーメーション 199
内張り装甲 96
エアランド・バトル 194
オートマチック変速機 154
オブイェクト 195/T-95 185

か

カークトゥス 184
ガスタービンエンジン 152
起動輪 10、138
キューポラ 10
均質圧延装甲鋼板(RHA) 84
空間装甲 88
グリズリー装甲工兵車 36
グローサー 144
傾斜装甲 86
ケージ装甲 98
腔内発射式ミサイル 64
ゴムパッド 144

さ

サーマル・スリーブ 11
避弾経始 50、86、100
市街戦残存性向上キット(TUSK) 32、94、98、112、114、120
自己位置測定/航法装置(POS/NAV) 126
システム拡張パッケージ(SEP) 120
自動装填装置 14、18、20、30、80、174、178、180、182、184、186、190
射撃統制装置 48

車長　31、76
車長用独立熱線映像装置　26、28、70、76、118、120、124
車輌間情報システム(IVIS)　34、118、128
重装備運搬車　158
シュノーケル　160
主砲　11、40
地雷　192
靱性　84
信地旋回　138
侵徹　50、52、54、84、88、92、94
スタンドオフ　52
ストライカー旅団戦闘団　38
成形炸薬弾(HEAT)　52
接地圧　12
戦車のキャデラック　148
戦車不要論　164
戦車用壕　200
潜水渡渉　160
全地球無線速測位システム(GPS)　126
装甲　84
装甲貫徹力　14
装甲防御力　16
操縦手　31
装弾筒付翼安定徹甲弾(APFSDS)　50、54、88
装填手　31、74
即席簡易爆弾　192
ソフトキル　102

た

第2世代熱線画像装置　122
対戦車ミサイル　192
チャレンジャー　167
チャレンジャー1　173
チャレンジャー2　173
中空装甲　88
超信地旋回　138
チョールヌイ・オリョール　184
チョバム装甲　21、22、24、25、88、90、167、172
データリンク　118
敵味方識別装置　108
転輪　10、138
同軸機関銃　11、28
トーションバー方式　148
トロピック・ルクレール　178
トロフィー・システム　104

な・は

ねじり棒　148
熱線画像装置　122
ハードキル　104
排煙器　11
爆発反応装甲　94
バスル　10
発煙弾発射器　10、106
パックフロント　200
発射速度　14
ハル　11
ハルダウン　200
パワーパック　150
ピン　144
フォース21旅団・部隊用戦闘指揮システム　130
複合装甲　17、90、92
浮航スクリーン　160
ブローオフ・パネル　68
ブロック　144
方位軟正装置(NFM)　127
砲手　31、72
防盾　11
砲塔　10、68
補助動力装置　78

ま・や・ら

命中精度　14
メルカバ　188
モノコック構造　136
誘導輪　11、138
油気圧サスペンション　146
ユゴニオ弾性限界　50
ライフリング　40
履帯　11、138
ルクレール　169、178
レオパルト1A5　165
レオパルト2　167
レオパルト2 PSO　171
レオパルト2A6　169
劣化ウラン　82

サイエンス・アイ新書 発刊のことば

science・i

「科学の世紀」の羅針盤

20世紀に生まれた広域ネットワークとコンピュータサイエンスによって、科学技術は目を見張るほど発展し、高度情報化社会が訪れました。いまや科学は私たちの暮らしに身近なものとなり、それなくしては成り立たないほど強い影響力を持っているといえるでしょう。

『サイエンス・アイ新書』は、この「科学の世紀」と呼ぶにふさわしい21世紀の羅針盤を目指して創刊しました。情報通信と科学分野における革新的な発明や発見を誰にでも理解できるように、基本の原理や仕組みのところから図解を交えてわかりやすく解説します。科学技術に関心のある高校生や大学生、社会人にとって、サイエンス・アイ新書は科学的な視点で物事をとらえる機会になるだけでなく、論理的な思考法を学ぶ機会にもなることでしょう。もちろん、宇宙の歴史から生物の遺伝子の働きまで、複雑な自然科学の謎も単純な法則で明快に理解できるようになります。

一般教養を高めることはもちろん、科学の世界へ飛び立つためのガイドとしてサイエンス・アイ新書シリーズを役立てていただければ、それに勝る喜びはありません。21世紀を賢く生きるための科学の力をサイエンス・アイ新書で培っていただけると信じています。

2006年10月

※サイエンス・アイ（Science i）は、21世紀の科学を支える情報（Information）、知識（Intelligence）、革新（Innovation）を表現する「i」からネーミングされています。

SoftBank Creative

science·i

サイエンス・アイ新書

SIS-130

http://sciencei.sbcr.jp/

M1《えむわん》エイブラムスはなぜ最《さい》強《きょう》といわれるのか

実戦《じっせん》を重《かさ》ねて進化《しんか》する最新鋭戦車《さいしんえいせんしゃ》の秘密《ひみつ》

2009年9月24日 初版第1刷発行

著　　者　毒島刀也《ぶすじまとうや》
発 行 者　新田光敏
発 行 所　ソフトバンク クリエイティブ株式会社
〒107-0052　東京都港区赤坂4-13-13
編集：サイエンス・アイ編集部
03(5549)1138
営業：03(5549)1201
装丁・組版　株式会社ビーワークス
印刷・製本　図書印刷株式会社

©毒島刀也　2009 Printed in Japan　ISBN 978-4-7973-5470-6

SoftBank Creative